形势与对策

——2022 年全国气象优秀调研成果选

主　编:曹晓钟
副主编:潘进军　李　林

气象出版社
China Meteorological Press

图书在版编目（CIP）数据

形势与对策. 2022年全国气象优秀调研成果选 / 曹晓钟主编 ; 潘进军, 李林副主编. -- 北京 : 气象出版社, 2023.9
ISBN 978-7-5029-8012-2

Ⅰ. ①形… Ⅱ. ①曹… ②潘… ③李… Ⅲ. ①气象学—中国—文集 Ⅳ. ①P4-53

中国国家版本馆CIP数据核字(2023)第164009号

形势与对策——2022年全国气象优秀调研成果选

Xingshi yu Duice——2022 Nian Quanguo Qixiang Youxiu Diaoyan Chengguo Xuan

---

出版发行：气象出版社
地　　址：北京市海淀区中关村南大街46号　**邮政编码：**100081
电　　话：010-68407112(总编室)　010-68408042(发行部)
网　　址：http://www.qxcbs.com　**E-mail：**qxcbs@cma.gov.cn
责任编辑：黄海燕　**终　　审：**张　斌
责任校对：张硕杰　**责任技编：**赵相宁
封面设计：地大彩印设计中心
印　　刷：三河市君旺印务有限公司
开　　本：710 mm×1000 mm　1/16　**印　　张：**14.25
字　　数：272千字
版　　次：2023年9月第1版　**印　　次：**2023年9月第1次印刷
定　　价：80.00元

编委会

主　　编:曹晓钟

副 主 编:潘进军　李　林

研究组成员(按姓氏笔画排序):

王世恩　王亚伟　王志华　王卓妮　王佳禾
王鹏祥　尤　悦　田　华　冯　磊　庄旭东
刘　抗　杜毓龙　李锡福　杨咏钢　杨柳婵
余观林　邹兰军　宋善允　张　迪　张　勇
张志刚　张洪广　陈　莉　陈　媛　周馥荔
郑志海　赵玉洁　胡　博　胡　雯　胡劲松
顾青峰　顾润源　程文杰　熊亚丽　潘敖大

工作组成员(按姓氏笔画排序):

王　媛　方　勇　刘可东　李　栋　李晓露
胡　赫　桑瑞星

目　录

全国气象部门管理创新工作开展情况调研报告

宋善允[1]　杨苹霞[1]　杨雪川[2]　刘岫清[1]　汪　青[1]　祝　博[1]

（1. 中国气象局办公室；2. 河北省气象局）

为充分发挥管理创新工作对加强现代气象管理体系建设、推动气象高质量发展的示范引领作用，中国气象局办公室牵头组成调研组，对近年来管理创新工作开展情况进行了专题调研。

一、调研基本情况

2022 年 4—6 月，调研组采取书面调研、问卷调查、电话采访等方式，对各省（区、市）气象局和中国气象局直属单位近年来管理创新工作开展情况进行了专题调研。调研组收集汇总了近 14 年各单位创新工作材料 332 份、近 5 年各单位管理创新工作评估总结 47 份，发放问卷调查表 47 份，电话采访沟通 20 余次，重点调研了各单位开展管理创新工作的主要经验做法、成果推广应用情况、问题不足及改进建议等，并认真汇总分析，提出了下一步改进管理创新工作的思路。

二、管理创新工作开展的总体情况

管理创新工作于 2008 年开始实施，起初主要是为了激励各单位勇于创新、善于创新，在全国气象部门开展的年度评比活动，主要包括工作思路、工作机制、工作方式的创新以及重大改革措施的推行等。近年来，管理创新工作在具体实施过程中不断改进完善，2010 年、2015 年和 2018 年相继对创新管理办法进行修订，不断规范创新评审流程，强化创新激励和考核，逐步形成对管理创新策划培育、申报评审、宣传推广、效益评估等全链条管理和指导，特别是近两年将管理创新工作纳入目标考核，向全系统开放专家评审视频转播后，在部门内营造了浓厚的创新氛围，探索出了许多管理经验，示范破解了许多老大难问题，对全面推进新时代气象事业发展改革发挥了重要作用。

（一）管理创新工作呈现的主要特点

从2008年启动创新评比工作到2021年14年间，中国气象局根据创新主题、创新内容、实施效益等综合情况，共评选出创新项目332个。2017—2021年5年间，共评选出160个创新项目，其中省（区、市）气象局120个，占75%，直属单位40个，占25%。从获选项目类别分布来看，业务服务管理类77个，占48%；党政管理类63个，占39%；科技管理类20个，占13%。管理创新工作主要呈现以下特点：一是强化管理，不断完善创新工作机制。近年来，各单位高度重视创新工作，注重创新工作的管理，结合部门和地区实际，将创新工作纳入目标考核内容。同时建立完善创新工作制度，及时制修订创新工作管理办法。北京将创新工作纳入全市气象局长会文件及年度重点任务清单，重点部署落实。甘肃每年印发创新项目指南，分阶段、分环节组织做好全程工作，不断加强后续完善和推广应用，积极促进创新工作在本省和更大范围内发挥效益，提升创新工作能力和水平。内蒙古全区14个盟市均制定了本地区气象部门创新工作管理办法，每年将拟培育、拟申报的创新工作列入年度重点工作计划。新疆将创新工作纳入年度综合考评内容，由加分项逐渐过渡到竞争性指标项，在考核项中设置了梯度差，按照质量越高、得分越高的原则进行考核，对高质量项目进行高奖励，提高创新主体对创新工作的能动性。二是注重规划，强化项目培育过程。各单位注重创新项目规划和培育。海南"十年磨一剑，建成南沙气象综合观测区"项目，从2006年起，持续实施西沙、南沙观测区海岛自动气象站的项目建设，至2018年完善了军地气象设施共商、共建、共享合作长效机制，填补了气象部门在南沙海域站点空白，将我国气象前哨向南推进了1000 km。山西"温室气体及碳中和监测评估示范"项目，从2012年开始开展温室气象监测评估工作，利用近10年时间，获取长序列的高精度大气温室气体监测数据，积累了宝贵的资料，为山西开展相关工作奠定了坚实的数据基础。三是坚持开门创新，推进融入发展。各单位注重学习借鉴外部门工作经验，推动气象部门创新工作。河南加强与省委、省政府及省直部门沟通，通过专家评审、座谈交流、培训授课、联合调研等方式，交流学习借鉴其他部门工作经验。重庆将创新工作成效纳入向市领导汇报的常规内容，纳入与市级应急、公安、农业等部门合作交流内容。新疆根据年度创新项目内容，邀请自治区有关委办厅局作为创新工作的指导和评审专家。浙江主动"走出去、引进来"，与政法、水利、自然资源等部门深化合作、多跨协同、设施共建、资源共享，充分发挥跨行业跨部门聚合效益。山西、四川、陕西、甘肃和中国气象局气象干部培训学院通过实施军民融合创新项目，贯彻落实军民融合发展战略，深化军民融合协同发展。四是注重推广应用，提供保障措施。各单位更加重视项目的延续和推广，近5年获评的160个创新项目中，有151个项目得到了不同程度和层面的推广应用，55个项目在气象部门外得到推广。广东制定项目推广的制度和程序，对可推广复制的创新项目，进行试点、反馈、修正，再试点、再反馈、再修正，随着项目逐渐成熟，逐步扩大试点范围，直至全省推广。重庆明确给予获评全国或全市气象部门创新工作推广经费，为项目推广、发挥创新效益提供资金保障。五是加强宣传，形成示范带动效应。各单位通过网站、报刊、案例汇编等多种形式对创新工作进行宣传，充分展现成效，通过不断的宣传引导，促进对创新工作的认识逐步深入，在组织培育创新工作项目、参与全国气象部门创新工作评比等方面展现出极高热情，形成示范带动效益。12个省（区、市）气象局及国家气象信息中心、中国气象局宣传科普中心（报社）近5年每年都有创新工作获评，大多数单位除积极向中国气象局申报创新工作外，还组织本单位各级部门开展创新工作评比，在全国气象部门营造了浓厚的创新工作氛围。

（二）推广应用情况

创新项目只有以点带面、广泛播散，才能更好地发挥其效益。

在部门内推广情况。一是中国气象局发挥主导作用，通过印发文件、会议交流、培训宣传等方式向全国气象部门推广应用。如中国气象局印发文件推广天津海河流域气象保障工作经验，在全国流域中心推广，提高了各流域关键区防汛气象服务效率。二是中国气象局直属单位发挥业务牵头优势，部分创新项目在全国得到较好的推广。如国家气象中心智能网格客观预报技术，国家气候中心《气候预测公报》产品向社会公布，国家卫星气象中心生态环境质量卫星遥感评价体系等，先后在全国气象部门得到推广和业务化运行。三是省级气象部门通过学习引进、调研交流等方式借鉴创新经验。如新疆、山西、河南等气象部门借鉴陕西苹果气象服务中心建设模式，创建“全国苹果气象观测联盟”，推动全国苹果气象业务集约化、标准化、智慧化和品牌化发展。

在部门外推广情况。在部门外推广的方式有政府发文、专题报道、培训宣传等多种形式。如福建“两定两常”气象融合发展模式在国台办主办刊物刊登报道，向全国推广，推动了两岸融合发展。有些创新项目推广到国际社会，成效显著。如中国气象局气象探测中心建立全球综合观测系统区域中心（北京），将数据质量管理业务推广应用至二区协会员气象部门，提升了国际影响力。

（三）效益发挥情况

各单位认真落实局党组重点工作部署，积极凝练培育创新项目，在提升监测精密、预报精准、服务精细能力，推动科技创新，加强党政管理等方面，开展了大量卓有成效的创新探索。一是推动气象防灾减灾第一道防线作用得到有力体现。如浙江建立“网格＋气象”基层气象防灾减灾体系新模式，实现预警信息从气象台到网格点零延时“一键直达”，提高了基层气象预警信息覆盖面和传递效率。二是促进服务保障经济社会高质量发展取得明显成效。如国家气候中心通过面向公众发布气候预测，将气候预测直接服务于社会公众和各行各业，充分发挥了气候预测服务的最大效能，助力经济社会高质量发展。三是促进气象基础业务能力持续提升。如国家气象信息中心先后培育实施气象综合业务实时监控系统“天镜”、气象大数据云平台“天擎”等项目，提升气象信息化能力建设。四是带动气象科技创新动能加快集聚。如河北举办“全国观云识天人机对抗大赛”，以众创引智竞赛方式吸引全国高精尖人才聚焦智能观测技术研发，并将大赛科技成果植入“观测通 APP”，推动智能观测能力建设。五是强化社会管理职能，提高科学管理水平。如广东推动出台气象灾害防御重点单位气象安全管理办法和系列地方标准，有效提升了全社会气象灾害防御和安全监管能力。六是提升气象系统党建质量。如海南以党建为抓手，凝聚基层党组织和党员先锋力量，在推动南海岛礁建设、服务南海国家战略中发挥气象担当。

三、管理创新工作开展的主要问题和不足

全国气象部门管理创新工作为气象事业发展带来了强劲动力。但从新阶段新使命的要求来看，还存在一些需要改进和完善的地方。

（一）创新意识有待提高，创新项目统筹培育不够

一是部分单位对创新工作的重要性认识不足，创新驱动发展、主动开拓创新的意识还不够，存在把创新当成负担、“为了创新而创新”的现象。二是部分单位对创新项目缺乏通盘考虑和提前筹划，创新与事业发展规划、年度重点工作紧密结合、同步谋划不够，需求引领创新作用没有得到充分发挥。对创新支撑当前业务的需求调研不够，存在创新成果游离于业务服务需求的现象，围绕推动“监测精密、预报精准、服务精细”上的创新仍有较大开拓空间。

（二）创新评审机制不完善，创新项目质量有待提高

一是创新项目评比周期较短，存在某些单位浮夸局部成果而获评创新项目，创新成果未经时间充分检验，或者不能真正对工作形成较强的推动作用，存在"急功近利""凑单"情况。二是对创新工作顶层设计不够，创新工作评选范围宽泛，体现不出每年创新的重点领域，特别是围绕党组关于极端天气应对、气象现代化、深化改革等重点、难点、试点工作，各单位把握创新工作方向、突出创新重点方面还较为欠缺。各职能部门统筹协调引导各省（区、市）、各直属单位不够，在前端引导、过程指导、评审把关还需进一步加强。三是创新工作评选流程和方法还需进一步优化。目前的创新评比采取层层审核、逐级淘汰的方式，最终入选的创新工作主要取决于专家评审得分。而对项目负全程指导职责、最熟悉项目内容的职能部门在评审中作用发挥有限，出现一些职能部门排名靠前的优秀项目在专家评审环节中因展示欠佳而落选的情况，影响年度创新工作整体质量。

（三）项目推广应用力度还不够，创新效益发挥不够充分

一是项目后期效益发挥不够充分。各单位普遍注重创新项目的申报评比，但对创新项目的后期效益发挥重视不够，跟踪改进的机制不完善，没有明确改进思路和措施，导致项目后期效益发挥不够充分。二是地域性或时效性较强的项目是当地具体情况或在特定时间、针对特定事件的产物，形成可复制性不强，不能大范围推广。三是推广支持和投入保障不足。部分项目的实施是需要资金人力投入的，受客观条件限制，经费保障不足，使得推广工作开展困难。

四、下一步思考和建议

气象管理创新工作是推动气象高质量发展的重要抓手，近年来在破解体制机制和管理难题、服务气象改革发展等方面发挥了积极作用，为进一步加强和改进管理创新工作，结合调研情况，提出以下四个方面工作建议。

（一）加强策划指导

围绕党组重点工作部署和任务安排，科学制定年度创新项目指南，有效引导各单位创新重点方向，针对亟须解决的关键问题设计创新项目进行重点培育。发挥各职能部门作用，加强对相关创新项目的指导。发挥国家级气象业务单位优势，鼓励直属单位和省局联合开展创新，深入挖掘创新工作潜力。

（二）加强过程管理

修订完善管理创新工作实施办法，强化管理创新工作全过程管理。各内设机构加强对创新项目的全过程指导，对创新培育计划、项目前端设计、实施过程、总结凝练及项目申报等进行指导和把关。各申报单位及时向相关内设机构报备创新项目设计、培育及进展情况。

（三）优化评选流程

完善创新工作评审程序，充分发挥各职能部门在评审中的作用。量化分类评分权重，提升评审质量和公平性。改进网络推选方式，实施创新项目同行推选，提升网络推选的针对性和有效性。

（四）强化结果应用

进一步优中选优，评选年度十大优秀管理创新项目并举办观摩交流活动。在《中国气象报》、政府网站、政务新媒体等宣传窗口开设专栏，适时组织召开学习交流会，将重点创新项目向部门内外推介。发挥综合考评对创新工作的引导激励作用，对解决关键业务问题并作出突出贡献的单位和人员给予激励和表扬。

气象部门党建与业务深度融合的调研报告

李锡福　张　艺　马　旋　于顺河

（吉林省气象局）

调研组结合气象部门实际，采取文献研究、调查问卷、考察调研等方法，力求通过多种形式，比较全面地掌握气象部门党建和业务融合的现状、问题，提出具体的措施和建议，进一步推进党建和业务深度融合，不断适应新时代新气象高质量发展的要求。

一、气象部门抓党建与业务融合取得的成效

调研组以中央《关于加强和改进中央和国家机关党的建设的意见》、中央和国家机关工委《关于破解"两张皮"问题推动中央和国家机关党建和业务工作深度融合的意见》以及中国气象局《进一步推进新形势下党建和业务深度融合的若干措施》为遵循，面向全国12个省（区、市）气象局发放党建和业务深度融合调查问卷，收到反馈问卷3523份。调研组还先后赴内蒙古、山东等地气象部门进行调研。

（一）气象部门基层党组织现状

截至2021年年底，全国气象部门各级基层党组织共4765个（含党委198个；党支部4719个，其中联合党支部18个；党总支数205个），党员57988人。省、市、县三级气象局党组织关系属地管理，其中省级气象局设基层党委47个、市级气象局设基层党委136个，党员54346人，受所在地党的工作委员会和气象部门党组领导。

（二）气象部门党建与业务深度融合的实践和成效

中国气象局党组高度重视新形势下党建和业务深度融合工作，要求各级气象部门切实做到党建与业务同谋划、同部署、同推进、同考核，围绕中心抓党建、

抓好党建促业务，推进气象部门党的建设和气象事业相互促进、同步高质量发展。各级气象部门深入落实全面从严治党要求，切实提高政治站位，强化责任担当，健全制度体系，推进党建与业务深度融合，为气象事业实现高质量发展提供了坚实政治保障，取得了显著的成效。

第一，实现了“三个做到”。一是做到了以政治建设为统领，做到“两个维护”，做好“三个表率”，持续开展以机关党建推动落实习近平总书记重要指示重要讲话精神，建台账，列清单，开展“学查改”专项行动，持续开展政治机关建设，走好第一方阵，确保党建与业务“一盘棋”。二是做到了坚持以人民为中心的发展思想，持续开展“人民至上、生命至上”主题实践活动，开展我为群众办实事，不断增强干部职工职责使命感、政治责任感、社会责任感，切实发挥气象防灾减灾第一道防线作用。三是做到了把营造风清气正的政治生态作为基础性、经常性工作来抓，党员干部成为推动气象事业发展的中坚力量。

第二，促进了气象业务工作的健康发展。坚持“围绕中心抓党建，抓好党建促发展”的实践机制，全国大部分省（区、市）气象局和部分市级气象局出台了党建和业务融合的工作措施，积极营造在党建引领下抓业务工作、奋力创先争优的氛围，聚力打造气象部门党建工作品牌。随着党建与业务发展的不断融合，党的建设优势得以充分发挥，进而促进了气象业务工作的提质增效与健康发展。

第三，提升了党的建设质量。气象部门通过党建与业务“一起谋划”，加强了做好党建和业务深度融合的顶层设计，为工作部署、推进、检查、考核提供了前提。通过党建与业务“一起部署”，推进了工作的具体规划和安排，落实党建和业务融合责任，明确职责，规范内容，确保同部署落到实处，推进同部署常态化、制度化，确保党建和业务工作同频共振。通过党建与业务“一起推进”，各级把“一起推进”作为党建和业务深度融合有效开展的关键环节，确保了党建与业务工作协同共进。各级开展了综合督查，统筹推进党建和业务决策部署的贯彻落实；强化了日常督导，有力保障了党建和业务工作两手抓、两手硬。通过党建与业务“一起考核”，确保了党建与业务联动评价，切实加大了党建工作在目标考核中的权重，推动了种好党建“责任田”。落实领导班子和领导干部抓党建考核要求，充分发挥了考核的指挥棒作用和选拔任用的导向作用。

第四，增强了群众的认可程度。在党建工作中，业务工作是党建工作效能彰显和外化的窗口及平台，各级气象部门党建工作始终坚持“以人民为中心”理念，以群众需求为导向，注重回应人民群众诉求和关切，提升了人民群众的认可。气象服务社会公众满意率持续提升，2021 年全国公众服务满意度达到 92.8 分，近 10 年提升了 9.3 分，公众对灾害预警服务的满意度达到 93.6 分，在 2013 年的基础上提高了10.7分。

二、党建和业务深度融合的不足

近些年来，全国气象部门推进党建和业务深度融合虽然取得了突出成绩，但也存在发展不平衡问题。

（一）党建和业务深度融合不足的主要表现

一是党建与业务相融合的责任意识有待进一步强化。二是党建与业务相融合开展同谋划部署不平衡。三是落实党建和业务相融合同推进的力度不够。四是党建和业务相融合同考核机制协同有待加强。五是党建属地化管理同气象部门业务条块外引内联不够顺畅。

（二）党建和业务深度融合不足的现象原因分析

部分地方气象部门出现党建和业务深度融合不足的现象原因主要体现在以下方面：

一是融合的思想认识不够到位。部分领导干部对“中国气象局首先是政治机关”的定位认识不足，对新时代气象事业政治属性的认识存在偏差和落差。同谋划同部署的思想认识不到位，还存在差距。

二是落实主体责任和“一岗双责”责任意识不够强。气象部门业务性较强，个别基层党组织容易产生“业务是业务、党建是党建”的惯性思维。

三是监督考核嵌入机制不够完善。在整体设计上还没有相应的配套考核督查机制和管理办法，在贯彻“同部署、同落实、同推进、同考核”方面缺乏全覆盖监督的有力抓手；还存在党建工作考评体系具体化定量化考核难的畏难思想，创新思维和意识不够。

四是联学联建主动性不够强。有少数基层党组织贯彻落实工作部署统筹协调能力不足，气象部门属于双重管理体制，上级党组和地方党委对基层党建工作安排部署存在重复和交叉情况，没有形成创新载体、创新模式、创新思维统筹推进党建与业务工作一同落实的局面。

五是党务干部培训不足，针对性不强。目前对党的创新理论培训多，理论与实践相结合的实战培训、案例培训较少。

六是历史性与现实其他原因。党建与业务发展深度融合起点不够平衡。在寻找融合的结合点存在水平上的差异。对党建与业务融合的研究和总结不够深入。

三、推动基层党建与业务深度融合的建议

以习近平新时代中国特色社会主义思想为指导，在“转、融、建、考、联、培”等方面下功夫，不断提升基层党组织标准化、规范化建设，推进党建与业务深度融合。

（一）在“转”的方面下功夫，树立党建与业务一体化理念

提高对气象工作政治属性和政治机关要求重要性的认识，狠抓思想建设，彻底转变气象部门是业务部门的传统观念，把气象工作放在党的事业发展的大局和国家发展的全局中去谋划、去推动，牢固树立党建与业务一体化理念。一是在思想认知上转变，突出党建和业务的整体性。摒弃党建是党建、业务是业务，孤立看待党建与业务关系的错误观点，摒除业务是主业、党建是副业的传统认识，将党建与业务作为互融互促的整体。充分发挥各级党组织的作用，不断强化其围绕业务抓党建的意识和能力。二是在政治能力提升方面转变，突出政治过硬和本领高强。要转变气象业务能力提升周期短、见效快，党建工作周期长、见效慢的思想，突出政治能力建设。三是在作风建设意识方面转变，突出风清气正干事创业的氛围保障。要转变“业务部门做好气象服务保障即可”的片面思想，深刻把握在新起点上加强作风建设的重大意义，坚定不移贯彻党中央关于加强作风建设的重大决策部署，营造风清气正的干事创业工作氛围，为气象事业高质量发展提供坚强保证。

（二）在“融”的方面下功夫，统筹协调整体推进

贯彻落实习近平总书记关于气象工作的重要指示重要讲话精神，牢牢把握气象工作关系生命安全、生产发展、生活富裕、生态良好的战略定位，围绕中心工作，找准党建和业务融合的切入点，将党建和业务融合体现在气象工作的各领域、各方面、各环节。一是树牢政治机关意识，坚持围绕国家需求和人民需要发展气象事业的战略思维。二是聚焦核心职能统筹推进。坚持把机关党建放到党和国家工作大局中谋划和推进，找准服务大局的结合点。围绕综合防灾减灾救灾和乡村振兴、生态文明建设、“一带一路”倡议，结合本地实际，立足国家、地方经济社会发展需求，融入国家、地方发展大局，持续推动气象高质量发展。三是建立抓党建与抓业务同责机制。要围绕党建工作与业务工作的结合点、切入点，把业务工作的难点作为党建工作的重点，谋划重点任务注重突出党建引领作用。

将各项业务重点工作融入领导班子成员全面从严治党责任清单、党建工作项目清单、全面从严治党主体责任和监督责任清单。

(三)在"建"的方面下功夫,夯实基础全面落实

大力开展"四强"党支部建设和特色党支部创建,紧贴职责任务推进支部工作,把抓中心工作完成、重大任务落实作为检验党支部组织力的试金石。一是以创建标准化、规范化党支部为抓手,实施"固本强基"工程。二是创新工作机制,探索党务人员与业务人员"双向交流"工作机制。三是示范引领,加强党建工作品牌的培育,深入挖掘党建与业务融合精品案例。深入挖掘基层有特色、有影响的党建品牌或工作典型,通过抓实过程、促进规范、打造特色,形成具有时代特征、区域特点、部门特色的党建品牌集群。四是充分发挥党员先锋模范作用和群团作用。组建"党员先锋队",设立"党员示范岗",创新"气象志愿者""劳模工作室"等以典型引领激励党员攻坚克难、奋发有为,不断激发党员干事创业的热情。

(四)在"考"的方面下功夫,完善考核和监督管理体系

以综合检查与日常督导相结合、以目标考核与专项考核相结合,统筹推进党建和业务决策部署的贯彻落实,保障党建和业务工作两手抓、两手硬。一是落实抓党建考核要求。充分发挥考核的指挥棒作用和导向作用。二是坚持述职评议双联动。及时总结和交流党建与业务融合的经验和做法及考核机制,将党建考核与目标考核相结合,党建述职与工作述职相结合。三是强化党建考评指标应用。把党建考核情况作为评价和提拔任用干部的重要标准,实绩评价、激励约束的重要依据。四是完善监督检查体系。把党建与业务相融合作为纪检监督、巡察监督和督查督办的重要内容。

(五)在"联"的方面下功夫,相互促进相互提高

发挥双重管理体制优势,既要强化部门"主管负责"的统揽职责,又要充分发挥党组织关系"属地管理"的作用,提高条块工作的协调性和整体性,避免"各自为政"或"监督挂空挡",形成研究部署、狠抓落实、督促检查、及时报告、跟踪问效的工作闭环,确保目标同向、部署同步、工作同力。一是建立重要工作双重汇报沟通机制,推动地方党委和气象系统党建重点工作任务的贯通衔接。主动与地方机关党委就部门党建重要工作加强沟通汇报协调,主动将地方党委党建工作重点计划向上级党组织汇报沟通,使党建工作重点计划统一部署、统筹安排,做好条块衔接、贯通衔接。二是建立双重考核激励机制,党建工作纳入地方党委

考核和奖励体系。三是坚持横向联合工作机制，积极组织开展气象系统基层党组织与当地其他部门基层党组织党建联学联创联建活动，互帮互学，互鉴合作。

（六）在“培”的方面下功夫，培养人才提质增效

以提高党务干部队伍综合素质和党建工作能力为目标，以练促干、以干代训推动党建与业务深度融合。积极推动把气象部门党员干部纳入地方培训计划，用好当地党建教育培训资源和政策。一是配齐配强专兼职党务干部。按照高素质专业化要求，配强专职党务干部、激活兼职党务干部，并将工作经历纳入干部履历，畅通干部成长通道，把党务工作岗位作为培养后备干部和业务骨干的重要平台。二是探索业务岗位干部同党务岗位干部双向交流轮岗机制，不断提高党员干部的政治理论素养和业务工作能力，使党务干部的能力与岗位职责相匹配，从“不会、不懂、不专”向“能干、会干、干好”转变，在履职过程中做到懂程序、会操作、讲政治、守规矩，真正成为党务工作的行家里手。三是有针对性地开展培训，从政策理论、实操经验、工作方法等方面不断拓宽党务干部知识面，规范工作流程，丰富业务技能。分级分类开展培训，打造一支精通党务、熟悉业务的党员领导干部队伍，提高党员领导干部抓党建与业务深度融合的政治自觉、行动自觉和实践自觉。四是建立干部选拔任用需党务工作经历机制。在干部考察任用中，把从事党建工作经历和分管党建工作的经历及履职情况作为重要考察内容，重要岗位、关键岗位的干部选拔要有从事党建工作和分管党建工作的经历，把德才兼备的优秀党务干部“用”起来，给他们以更大的干事平台，又要建立新提任干部到党建、纪检、巡察等岗位任职、挂职锻炼的工作机制。

农业气象高质量发展面临的突出问题及对策建议

张　勇　王　喆　吕丽莉　郝伊一

（中国气象局气象发展与规划院）

新中国成立之后，以苏联模式为蓝本建设我国农业气象业务体系，农业气象观测等基础能力快速提升。相继建立农业气象监测站网，制定农业气象观测技术方法，开展农业气象情报服务、特色农业气象服务等方面的工作，基础业务服务全面起步并形成一定规模。自20世纪80年代起，农业气象业务服务体系逐步完善，系统开展了农业气象监测预报、粮食产量气象预报、农业气候区划、农业气候资源利用、农业病虫害气象预报、农业气象适用技术研发及示范推广等工作，形成了大量实用的农业气象指标模型，培养了一大批农业气象专家。这一阶段，农业气象与国家发展同频共振，能力大幅提升，取得了显著成绩。2000年以来，农业气象业务服务虽然取得了一定进展，但农业气象业务布局和能力、服务手段和方式、管理机制和组织保障等方面与新需求和新要求的不适应性愈发凸显。这一阶段农业气象滞后于国家现代农业发展进程。

一、当前农业气象发展面临的问题与挑战

（一）农业气象发展动力不强

农业是长期性、基础性的产业，农业气象服务能力形成、巩固、提升到做精做细同样需要打持久战。但各级气象部门在不同时期对农业气象服务的重视程度和要求不一。顶层设计方面，在“十三五”和“十四五”时期均未出台相关农业气象发展专项规划，期间出台的指导意见、实施方案、行动计划等多数也因为投入不足而没有得到有效实施。投入力度方面，近年来对基层气象为农服务投入支持力度锐减（如乡村振兴气象服务专项、观测与服务维持经费等），全国性或区域性重大业务建设项目少，农业气象指标方法研究、观测能力建设、业务服务平台建设等投入不足。机构人员方面，全国产粮大省中仅有内蒙古、安徽、四川和江

西等省(区)设置了专门农业气象处级机构,大多数省(区、市)仅由气候中心或气象科研所的科级机构承担主要职责。基层气象部门农业气象服务专职人员数量缩减严重,800 个产粮大县中绝大多数都没有农业气象服务专职人员,以兼职为主。目前虽然形成了由 8 位全国首席服务专家、百余位正研、千余位高工为主组成的农业气象专业队伍,但是缺乏农业气象高层次应用型人才和基层青年后备人才,尤其是青年人才断层问题严重,大批正研面临退休,一些关键岗位的青年人才却接续不上。学科建设方面,目前很多高校已将农业气象专业更名为应用气象专业,农学类专业课程大幅度减少,毕业生基础不扎实,这也是近年来各级气象部门农业气象专业人才成长缓慢特别是基层能力不强的主要因素之一。

(二)农业气象观测基础较弱

一是观测站网亟待优化。现有 653 个农业气象观测站网布局是 2009 年根据当时国家农业布局和农业气象业务需求制定的。随着国家农业生产布局和种植结构的不断优化,当前观测布局结构的不合理性逐渐显现,一些站因生产转型、城市发展、种植面积缩小等原因失去代表性,一些站随着种植结构调整和种植规模增加而观测覆盖不足。二是观测自动化进程缓慢。除常规气象要素和土壤水分实现自动化观测外,其他农业气象观测包括作物、植被、物候观测等依然停留在人工观测阶段,与气象高质量发展的要求和需求不相适应。三是观测数据质量管理有待加强。各地根据地方服务需求自建的农气(“农气”即农业气象的简称)观测站点缺乏统一管理,观测数据的可靠性、可用性较低,尚未纳入国家业务系统。全国 2400 多个自动土壤水分站多数已超过设备使用期限,且部分维护不到位、监测数据不准确。

(三)农业气象服务供给不足

面向农业高产高效绿色优质的发展方向,当前气象服务的多样性、深度和广度不足,难以满足现代农业发展要求。一是面向全球粮食安全的气象服务能力不足。未形成全球粮食主产区定期评估业务机制,无法及时跟踪了解气象条件变化对全球农业生产影响和我国粮食安全影响的最新进展。面向种业振兴的气象服务还处于发展初期,能力亟待提高。二是对现代农业涌现出的新需求服务保障不足。与小麦、水稻等大宗粮食作物的气象服务保障相比,对油料、糖料、经济作物等的精细服务相对薄弱。与为农“避害”相比,精准灌溉、绿色施肥、提质增产等“趋利”服务相对薄弱。面向大豆—玉米带状复合种植等大宗农作物新型种植技术的气象服务不够有力。农业保险气象服务能力和水平与国家要求相差甚远。三是面向新型经营主体的气象服务精准性不够。对于新型经营主体的服务多限于手机短信、微信公众号等进行推送,未实现基于需求定制化的全覆盖服务。服务产品同质化严重,“一县一品”“一乡一业”的特色农业气象服务针对性不足,常用简单的农业气象监测预报产品代替农业气象服务产品。四是农业气候区划资料老旧。1985 年历时 6 年完成了我国农业气候资源普查、农业气候区划,全国未再进行过系统的农业气候资源普查。随着气候变化进程加快及我国农业的快速发展,旧有的农业气候区域已经无法满足提高气候资源利用率和气候生产力的指导功能需求。

（四）农业气象创新驱动乏力

一是基础研究投入不足。缺乏持续性的农业气象研究项目和保障资金支持,可申请的农气相关科研项目与气象其他领域相比非常有限。二是科研成果转化指导不够。科研与业务“两张皮”现象严重,研究人员从部门外(如农业农村部、基金委等)申请的农业气象科研项目在研究目标与业务应用需求的对接上还有较大距离,缺乏长期有效的转化途径。三是农业气象试验站(简称“农试站”)发展参差不齐。中国气象局对农试站的管理和业务指导不到位,试验研究业务和服务能力明显弱化,与现代农业相适应的农业气象基础指标和农业气象适用技术试验研究长期没有新突破。部分农试站试验条件差,试验用地缺乏,实验仪器短缺,试验设施陈旧。业务维持经费不足,争取地方项目和经费不多,缺乏稳定的科研经费支持。

（五）农业气象制度机制不健全

一是业务布局不合理。农业气象业务布局集约不够,业务分工边界不清,“自成体系、各自全能、交叉重叠”,国省上下“一般粗”,市县特色化、本地化应用能力不足。二是业务考核制度不完善。各级气象部门服务进村入户不多或流于形式,对农业气象服务人员深入田间地头的考核和要求不够,导致其对现代农业的创新发展跟踪理解不到位,服务不接地气。三是部门对接融入不够。针对农业相关国家重大规划和高标准农田建设等重大工程亦缺乏相应的对接和融入,没有实现借力发展。四是多元供给格局还未建立。气象部门事业单位有限服务能力难以满足现代农业个性化、精细化的服务需求,多元供给的农业气象服务结构还未形成,社会化服务的良好生态仍未建立。

二、新时期加快农业气象高质量发展的建议

针对上述问题，气象部门要真正坚持并落实保障国家粮食安全重中之重的战略定位，深化对发展农业气象重要性和紧迫性的认识，夯实农业气象业务基础能力，创新农业气象服务体制机制，强化农业气象科技人才支撑和发展保障能力，推动农业气象高质量发展。

（一）加大农业气象发展支持力度

加强组织领导，从顶层设计、项目建设、机构设置、人才政策等方面全方位谋划营造支持农业气象发展的环境。一是制定新时期农业气象高质量发展专项规划，确立指导思想和发展导向，设立未来5～10年的中长期发展目标，明确完善业务体系、提升服务能力的任务举措。二是以落实《气象高质量发展纲要（2022—2035年）》等国家重大战略要求为契机，围绕保障国家粮食安全提升气象保障服务能力谋划重大工程。强化与发改委、农业农村部重大农业工程建设项目的对接融入，推动将农业气象基础能力建设纳入高标准农田建设、粮食等重要农产品安全保障工程等。三是强化国家级和省级农业气象服务机构队伍建设，鼓励农业大省成立农业气象地方处级机构，有条件的地市建立省级农业气象服务分中心；在粮食主产县设立农业气象服务专职岗位；组建分作物类别的技术专家队伍和保障国家粮食安全的国家级创新团队。四是强化新时代农业气象人才工作整体谋划，加强农业气象高层次应用型人才和基层青年后备人才培养，吸引青年人从事农业气象工作，以农气人才需求的提升带动农业气象学科建设以及专业人才培养。

（二）夯实农业气象观测基础能力

一是尽快组织开展全国农气观测站网需求调研，根据最新的调研成果以及作物分布、面积和产量的变化，制定观测站网和观测项目优化调整实施方案，分阶段分步骤组织开展调整工作，提升站点的代表性和均一性。二是依托"十四五"气象重大工程，在全国组织开展作物观测、植被观测、小气候观测和物候观测等领域的观测自动化工程建设，基本实现农业"四情"（苗情、墒情、灾情和病虫情）和农事活动的自动观测、智能识别、主动预警。三是面向全国自建农气观测设备出台观测数据和传输流程标准规范。

（三）提升农业气象服务供给质量

一是开展农业气象服务供给侧改革，清理农业气象“僵尸”产品和无用产品，增加有效有用供给，建立核心产品清单制度，构建以用户效益反馈、动态评估为导向的农业气象产品准入退出机制。二是建立和完善全球粮食安全气象风险监测预警系统，联合农业农村部、商务部、海关总署等部委，探索形成全球农产品生产与供给消费平衡战略性预报能力。三是发展农业气象保险，组建农业保险气象业务技术研究创新团队，联合保监、农业等多部门成立农业气象保险专家委员会，发展农业气象灾害定损、天气指数保险产品设计技术。四是开展新型经营主体的需求调研，建立面向新型经营主体的服务清单，明确服务优先级并建立服务清单动态更新机制，通过对新型经营主体建立直通式、定制化、信息化、全覆盖服务，带动对小农户的气象服务。五是做实、做强全国特色农业气象服务中心，积极争取农业农村部作为联合创建单位在政策、资金、项目上的支持，充分发挥特色农业气象服务中心对周边甚至全国的辐射带动作用。在数字田园、数字灌区、智慧农场等现代农业发展核心区建立智慧农业气象服务基地。六是组织开展新一轮全国农业气候资源精细化普查和全国农业气候区划，为优化站网布局、提高气候利用率和因地制宜的服务能力打下坚实基础。

（四）强化农业气象创新驱动引领

一是与农业农村部、科技部、基金委等加强沟通协调，在各类研究基金项目指南中提出与提升农业气象业务能力密切相关的科研项目建议；在中国气象局创新发展专项中考虑设立长期研究基金。二是依托国家现代农业产业园、科技园和创业园，探索建设若干现代农业气象科技创新基地，建立产学研用协同创新机制，引导和利用农业企事业单位、高校、科研机构的优势资源，联合开展农业气象技术创新。三是切实将农试站打造成为农业气象科技研发、中试和推广应用的平台。建立国家级农试站“双重”管理机制，原则上其业务科研任务由中国气象局制定，省级气象部门负责具体建设和业务任务的组织实施；加大农试站基础设施、配套实验设备建设和业务维持的投入力度；建立国家级农试站定期考评制度，建立筛选晋级、淘汰降级的管理机制。

（五）完善农业气象业务服务运行机制

一是建立“气象＋现代农业”的融入式发展机制，在中国气象局层面推进与农业农村部等部委在政策措施、建设项目等方面的深入合作，促进各级气象与涉农部门数据融入、产品融入、机制融入、项目融入。二是适应国家农业生产布局结构，明确不同区域、省农业气象服务重点，因地制宜予以支持。结合新型业务技术体制改革和农业气象队伍现状，调整优化农业气象业务服务布局。三是探索组建以华云集团、华风集团为主的农业气象服务公司，形成"观测设备＋信息服务＋方案解决"一体化农业气象服务模式，参与精细化、个性化农业气象服务市场竞争。四是建立农气观测、田间调查、入户调研、数据共享、信息服务、用户成效评价等系列业务考核制度，将考核结果与干部考核、人才评定、职称评定等手段挂钩，并适度加大对部门内外从事农气服务的人员在宣传报道、表彰奖励、职称评审中的倾斜力度。

关于中国气象局直属事业单位改革试点工作的调研报告

王志华[1]　李红山[1]　张连强[1]　余　森[1]　辛　源[1]　石雪峰[1]
李　栋[2]　张恩超[3]　谈　媛[1]　刘琛钊[1]

（1. 中国气象局人事司；2. 中国气象局法规司；3. 中国气象局办公室）

根据中央编委部署安排，中国气象局被确定为深化事业单位改革试点单位，局党组高度重视、高位谋划、统筹推进改革工作。2021 年 6 月，中央编委批复《中国气象局深化事业单位改革试点实施方案》（简称《实施方案》）以后，局党组逐一审定了 13 个局直属事业单位的职能配置、内设机构和人员编制规定（简称"'三定'规定"）。为深入了解改革试点任务落实情况，2022 年 7—10 月，调研组赴各直属事业单位逐一走访调研，有关情况如下。

一、改革总体进展情况

各单位党委认真贯彻落实中国气象局党组决策部署，进一步理顺体制、完善机制、健全制度，充分调动干部职工的积极性、主动性、创造性，较好地完成各项改革任务。

（一）职能、机构和编制调整全部完成

截至 2022 年 11 月底，13 个直属事业单位均已按照批复的"三定"规定完成机构调整，重新设置了管理类和业务类内设机构，重新核定了下设处室的编制和领导职数，同步优化了职责分工和业务流程。各单位工作交接、经费调整、资产划拨、法人登记调整（含注销）等工作均已落实，管理、业务、科研及服务工作正常开展。新设置或整合后新组建的机构总体运行稳定。

（二）干部配备和人员调整基本到位

自改革以来截至 2022 年 11 月底，局党组根据事业发展和改革需要通盘考

虑，新调整各直属事业单位领导班子人员46人，其中主要负责同志9人，班子结构进一步优化。各单位党委加强处级、科级干部选配，有序推进管理与业务处室人员交流，大力培养使用年轻干部，各处室负责人均已调整到位，平均年龄均有所下降。新组建单位强化人员调配，数值预报中心和人影中心分别补充毕业生14人和13人，人员力量有效充实。

（三）管理制度机制建设深入推进

各单位同步修订完善了涵盖行政、财务、业务、人事、党建等领域的规章制度近600项，建立健全了岗位管理体系框架。多家单位规范了绩效工资体系。公共服务中心、气科院等按要求探索开展了政事权限清单编制工作，为合理划分政事工作职能、优化治理结构等积累了经验。

此外，中国气象局青岛职工度假村、上海物资管理处两个局属事业单位，已结合中央培训疗养机构改革和省以下气象事业单位改革予以撤销和调整，职能、资产和人员调整方案按要求统筹推进，总体平稳有序。

二、改革取得的阶段性成果

通过改革，各直属事业单位党的全面领导进一步加强，职能配置更加合理，机构编制资源配置更加优化，运行机制更加完善，符合气象事业特点的现代治理机制进一步健全，有效提升了为机关提供支持保障和面向社会提供公益服务的效能，以改革促发展的成效初步显现。

（一）事业单位党的全面领导进一步加强，党建与业务融合深入推进

各单位坚持把事业单位改革作为一项重要政治任务、作为促进气象高质量发展的重要抓手，坚持目标导向、问题导向，主动谋划、扎实推进。在“三定”规定、政事权限清单、事业单位章程中，专章专款对党组织地位和作用作出规定，并同步设置或调整党的组织，注重加强党建引领，充分发挥党支部战斗堡垒和党员先锋模范作用，确保改革顺利推进。各单位还专门选配了专职纪委副书记（正处级），加大了纪检干部培训和交流力度，推动全面从严治党进一步落实。

（二）事业单位总体布局得到优化，事业发展的系统性协调性明显增强

局党组贯彻习近平总书记关于气象工作重要指示精神，按照中央编委批复要求，坚持系统观念、强化系统集成，对直属事业单位通盘考虑、系统调整。新设

置了地球系统数值预报中心、人工影响天气中心，整合重组了气象宣传与科普中心、气象干部培训学院，同时对其他直属事业单位职能配置进行调整优化，进一步明确了各单位职责分工和界面划分，推进了国家级气象业务服务科研的流程再造，促进了综合观测、预报预测服务、数据业务、科技创新等的无缝衔接和高效协同。改革后，中国气象局直属事业单位由16个调整为13个，事业编制由2962名精简为2810名，实现事业单位机构及事业编制总量“双精简”。从各单位实际运行及调研了解情况来看，中国气象局直属事业单位布局结构得到系统优化，进一步解决了部分束缚和制约国家级气象业务高质量发展的体制机制问题，各单位之间的主动、互动、联动明显增强，基本实现了整体重塑、功能再造。

（三）事业单位职能配置更加科学合理，治理效能不断提升

从调研情况看，各单位都认真落实“三定”规定，调整优化职能配置，强化了对机关的支撑保障和面向社会提供的公共服务，提升了治理效能。一是进一步明确了职责定位。聚焦主责主业，把转变和优化职能配置作为关键。比如，信息中心围绕气象高质量发展对地球系统大数据服务的需求，加快“以数据为核心”的业务体系建设，优化调整内部数据业务部门。公共服务中心坚持强化公益服务的根本方向，明确了全国公共气象服务领头羊和“第一窗口”的定位，提出并围绕“4大重点领域+2项支撑”发展构架，推动优势资源向重点领域聚集。宣传科普中心（报社）明确了局党组喉舌和意识形态阵地、气象宣传科普事业主体、国家级业务发展龙头等定位，对国家级气象宣传科普资源有效整合。二是强化对机关的支撑保障和面向社会提供的公共服务。各单位列出了为机关提供支持保障和面向社会提供公益服务的职能清单，按清单履职，气象事业单位公益性、服务性、专业性属性凸显。比如，气象中心进一步强化了粮食安全保障气象服务职能，2022年在减灾司指导下，组织成立全国农业气象服务专家组，联合各省（区、市）局强化服务，有力保障了粮食丰产丰收。气候中心强化了面向党中央、国务院的决策气候服务职能，2022年在局办公室、减灾司的指导下，制作了多份面向国家重大战略、关系重大民生问题的决策服务材料，获得党和国家领导重要批示；强化了气候可行性论证和生态气候服务职能，2022年开展了气候旅游目的地和气候宜居城市示范创建工作，取得良好社会效益。卫星中心、探测中心分别强化了卫星资料、雷达资料应用服务职能，2022年在观测司、预报司的指导下，资料应用水平有效提升。信息中心进一步强化了气象数据和计算资源服务职能，得到广泛好评。公共服务中心强化了面向发改委、国家能源局及相关企业的能源保供气象服务职能，以及面向公安部、交通运输部等的交通气象服务职能，

2022年在能源保供、交通物流保畅中发挥了更大作用。

（四）事业单位机构编制资源配置更加优化，对核心业务的支撑保障作用进一步凸显

各单位坚持“瘦身”与“健身”相结合，通过内部挖潜，基本实现了管理处室更加精干、业务处室更加科学，人员编制配置更加合理。各单位综合管理处室从改革前的56个减少到42个，同时组建了一批核心业务服务支持机构，比如，气象中心新组建流域水文气象预报中心，初步形成国家—流域中心—省的协同业务布局，强化了全国流域气象保障能力；新组建全球预报室，健全了预报服务机制，全球监测预报服务能力明显提升。探测中心新组建雷达中心，构建由装备研发、运行、应用、培训等业务和人才培养机制组成的“4＋1”业务架构，强化了雷达支柱作用。此外，各单位根据新时代气象业务服务布局需要，及时将事业编制调整到气象防灾减灾、气候变化等一线业务与研发机构，比如，气候中心加强了气候变化中心3个处室领导班子建设，并将气候变化人才队伍从30人左右扩充至49人。公共服务中心进一步加强了风能太阳能中心人员配备，从之前的16人扩充到23人。

（五）事业单位实施流程再造，业务运行更加集约高效

各单位结合新型业务技术体制改革安排部署，强化统筹集约，优化业务流程，使得改革既有“物理变化”又有“化学反应”，国家级业务科研单位在全国气象业务体系中的核心指导功能，以及在国家气象科技创新中的引领作用进一步增强，实现了事业单位改革与新型气象业务技术体制改革等重点工作同频共振。气象中心完善国省多级协同短临预报业务流程，推动“四大支柱”等上游研发产品落地业务应用，研制支撑分区域、分时段、分强度的灾害性天气监测预报预警核心技术并本地化应用，助力重点流域、重点领域和重点区域的预报服务能力提升。卫星中心探索科技创新机制，聚焦卫星应用前沿科学和理论，围绕卫星工程建设先进技术，构建了包括风云卫星先行计划、许健民气象卫星创新中心、局重点实验室、特攻团、揭榜挂帅五个层次的创新格局。信息中心对标建立各级共用的地球系统大数据平台和数据“一张网”，在国家级，协同建立统筹集约、有机衔接的业务布局，各业务单位业务系统云化融入平台；在国省两级，建立全国气象信息技术联盟，协同推进平台分级运维和应用服务。从业务运行看，进一步推动了气象数据的聚合与共享，气象信息业务全国“一盘棋”保障能力有效增强。数值预报中心打通了模式研发、检验评估、系统运行、卫星资料同化、气象资料再分

析、高性能计算等链条，实现了全球天气气候模式研发和业务一体化运维。从业务运行看，我国面向地球系统的数值预报业务科研统一规划、总体设计得到强化，为核心技术攻关夯实了基础。公共服务中心强化与上游业务单位的对接沟通，实施气象服务前端产品替代行动，大力推进业务化、精细化气象观测、预报产品在气象服务中的应用，提高了服务质量。人影中心建立了科研业务紧耦合的高效运行机制，与省级人影机构的合作，与骨干企业及行业用户的上下游互动联动更加协同开放。从业务服务看，国家级的业务指导、技术支持与把关作用持续增强。

（六）年轻干部选拔培养力度加大，各类人才发展活力得到更好激发

改革强化了干部队伍和人才队伍建设，为事业发展注入了源头活水，进一步搭建了干事创业的平台。一批“80后”干部脱颖而出，干部队伍年龄结构、专业结构明显优化。如气象中心“80后”处级领导干部比例提高了25%；探测中心“80后”处级领导干部占比从改革前的36%提高到53%；卫星中心“80后”处级领导干部比例提高了19%，处室负责人平均年龄由改革前的52.9岁下降至47.7岁。各单位加强了岗位交流和锻炼，优化了人岗配置结构。多个单位加大人才政策落实力度，制定和完善了考核分配机制，如卫星中心实施了首席专家制度和“群英计划”，形成了管理、工程、业务、科研“四相位”干部人才队伍结构，探索了激励分配机制，各类人才发展活力持续激活。信息中心、公共服务中心实施了全员双向选岗，鼓励职工综合考虑改革后各处室职责和个人兴趣及专长，选择自己喜欢的岗位，有效调动了职工的工作热情，激发了人才队伍的内生动力。

三、经验与体会

事业单位改革是一项复杂的系统工程，涉及面广，平稳有序完成改革任务得益于局党组坚强领导，得益于各方面齐心协力、群策群力，得益于各单位担当作为。

一是局党组的坚强领导是改革试点工作顺利推进的根本保证。中央编委将中国气象局列为深化事业单位改革试点单位，充分体现了党中央对气象工作的高度重视。开展事业单位改革试点工作事关气象事业高质量发展，中国气象局党组将改革工作作为一项重要政治任务抓紧抓实，主要负责同志亲自部署、系统谋划、靠前指挥，将此次改革与贯彻落实习近平总书记关于气象工作重要指示精神和国务院印发《气象高质量发展纲要（2022—2035年）》紧密结合，多次组织召开会议专题研究。党组分管领导定期研究、紧盯关键节点，精心指导各项组织统筹工作；党组其他领导切实推动分管领域任务落实。局党组还成立了由主要负

责同志担任组长的改革试点工作领导小组，研究解决改革中的重要问题。坚强的组织领导，为改革工作提供了有力指导、明确了努力方向，为各项任务顺利推进提供了根本保证。

二是努力争取有关部门指导支持是改革试点工作顺利推进的重要条件。此次改革政策性强、涉及面广，各方面关注度高。人事司会同相关职能司，强化了与中央编办、财政部等有关部门的对接互动，深入学习中央政策精神，反复对接、咨询了解相关改革要求，主动学习有益经验做法，保证了中国气象局改革试点实施方案的制定和顺利获批。结合中央编办在中国气象局开展的机构编制执行情况和使用效益评估试点等工作，与事业单位改革试点工作统筹推进。结合改革遇到的困难，邀请中央编办领导赴中国气象局实地调研，听取指导性意见，为改革试点工作的顺利进行营造了良好环境。

三是各职能部门的积极配合是改革试点工作顺利推进的有力支撑。此次改革时间紧、任务重、要求高，需要协调的具体事项和复杂问题也比较多。各职能部门立足各自领域，协同配合局党组做好顶层设计。特别是局办公室、计财司、人事司、法规司、机关党委（巡视办）等主要负责同志担任改革试点工作领导小组成员，各相关内设机构分管同志担任领导小组办公室成员，强化了改革的统筹协调。各职能部门会同有关单位派出精干人员，高质量完成相关机构改革实施方案的组织编制。各职能司强化主动、互动、联动，将此次改革与气象业务技术体制改革、科研院所改革、纪检监察体制改革等统筹谋划、一体推进，促进了各项改革的协同、形成了强大合力。

四是各涉改单位担当作为、干部职工的理解支持是改革试点工作顺利推进的内生动力。在局党组的坚强领导下，各单位党委、领导班子坚决服从大局、压实主体责任、严肃工作纪律，成立改革工作领导小组，主要负责人亲自组织，上下联动，平稳有序推进改革工作。在机构、编制、职责、人员等的调整中，加强预研预判和政策衔接，特别是细致做好思想工作和人员调配安置。一些单位实施了“双向选岗”，促进了人岗相适，有效激发了职工的内生动力、增强了单位的凝聚力，确保了事业单位改革试点与局党组确定的各项改革发展重点工作统筹协调、同步推进。

四、改革中存在的问题和困难

（一）综合管理能力需要进一步提升

部分单位反映改革后管理处室工作的综合性更强、要求更高，部分人员还不能完全适应新岗位需求，个别单位管理处室编制偏少，管理规章制度修订还未完全到位，管理能力水平提升与气象高质量发展要求还有差距。

（二）运行机制有待进一步完善

此次改革中，大部分直属单位管理处室合并后，增设了业务处室，重新调整了各业务处室的分工、科室设置及人员队伍，但部分单位尚未根据新分工对内部运行机制和业务流程作优化调整，业务处室间的互动联动还需加强。

（三）公益二类事业单位由市场配置资源的能力不强

此次改革新设置或新整合组建的数值预报中心、人影中心、宣传科普中心（报社）等均为公益二类事业单位，对在确保公益目标前提下，依据相关法律法规发挥市场配置资源作用的谋划不足、举措不多，亟待进一步转变观念，用好用足事业单位分类相关政策。

（四）激发各类人才干事创业激情的措施还有待完善

部分直属事业单位高层次人才队伍缺乏，与气象高质量发展需要还存在差距。高层次人才培养和引进、创新团队建设和青年人才培养工作还需要进一步加强。人才分类评价、绩效分配机制，以及专业技术人员岗位设置等有待完善。

下一步，人事司将按照中国气象局党组部署要求，继续保持改革定力，会同各相关单位，巩固深化直属事业单位改革试点成果，总结形成可复制可推广的经验，用改革的方法解决改革中发现的困难和问题，切实抓好改革的“后半篇文章”。

天津市气象局暴雨预警信号调整调研报告

赵玉洁　孟冬梅　杨晓君　朱磊磊　张　楠　熊明明
年飞翔　刘一玮　徐　威　苑　超　任丽媛　李亚飞

（天津市气象局）

针对全国各级气象部门气象灾害预警信号内容不规范、针对性不强、多级重复发布及阈值标准不适应防灾减灾需求等问题，2022年4月7日，中国气象局下发了《关于气象灾害（暴雨）预警信号调整工作的通知》。要求各省（区、市）气象局落实主体责任，开展本地多时空尺度降雨气候特征分析，强化气象灾害综合风险普查阶段性成果应用，完成暴雨预警信号级别、阈值、防御指南、发布用语等本地化修订，建立适合本省不同气候背景分区的修订方案。

一、天津暴雨预警信号标准工作基础

（一）超前谋划，提前实施

增加小时雨强标准。2014年，天津已结合本地防灾减灾要求，对中国气象局下发的暴雨预警信号标准进行了本地化修订，增加了小时雨强标准。

统筹考虑京津冀协同。考虑京津冀协同发展需要，且三地地缘相近、气候相似，且便于京津冀联防联动，因此，重点参照北京市、河北省标准对天津暴雨预警信号标准予以修订，使京津冀三地暴雨预警信号标准基本保持一致。

标准纳入地方气象灾害应急预案。2021年，为落实党中央国务院关于极端强降雨应对工作要求，天津市建立了以气象灾害预警信号为先导的极端强降雨防汛应急机制，因此，暴雨预警信号发布标准至关重要。考虑到2014年以来天津暴雨预警标准仍偏低，容易导致应急响应过频、防御措施过度，因此，将暴雨预警信号修订新标准纳入《天津市气象灾害应急预案》（津政办规〔2022〕2号），于2022年汛期正式实施。

（二）明确调研内容，为暴雨预警信号调整夯实基础

预警信号标准科学性调研。2022年新的暴雨预警信号标准已实施一年，但并未经过技术统计和研究，需要利用中国气象局的技术标准，对历史降水数据、预警发布情况等进行统计，深入调研天津市气象局现行暴雨预警信号的科学性。

预警信号内容需求调研。暴雨预警信号内容的调整需要调研涉灾部门需求，充分考虑预警信号中如何能够体现最大小时雨强、风险提示和防御建议等精细化信息。

市、区两级预警业务分工调研。结合《天津市气象灾害应急预案》（津政办规〔2022〕2号）要求，需要进一步调研市、区两级暴雨预警信号分工是否合理。

二、调研工作组织情况

（一）成立调研小组

2022年5月，印发《关于成立暴雨预警业务优化调整调研小组的通知》。明确了由预报处领导任协调小组组长，市气象台分管领导和预报处管理人员任副组长的协调小组。成立了由市气象台分管领导任技术组组长，预报处、减灾处、气候中心、信息中心、服务中心、发布中心、灾防中心以及各区气象局共同参与的技术小组。

（二）明确调研方式

技术组相关人员召开会议，经过深入学习和充分讨论，编制了暴雨预警信号调整实施方案，明确了任务分工、技术路线和进度安排。主要通过统计历史数据、借鉴外省市先进经验、征求地方涉灾部门意见等方式开展调研。

三、天津暴雨预警信号调研工作开展情况

（一）验证现行暴雨预警信号标准的科学性

1. 现行暴雨预警信号阈值标准

天津现行暴雨预警信号阈值标准已经纳入《天津市气象灾害应急预案》（津政办规〔2022〕2号），包括1 h、6 h和24 h时效，并于2022年汛期正式实施。除蓝色6 h标准比北京略低外，其他与北京一致。河北无6 h预警标准，且蓝色、黄

色和橙色 1 h 标准略偏高，蓝色 24 h 标准略偏低。

2. 统计分析历史降水数据

(1)构建高时空分辨率历史雨量数据集

利用中国气象局下发的降雨统计方法，综合考虑国家级站数量少、最大雨量有时出现在区域自动站等情况，在国家气象信息中心下发的国家站长序列小时雨量数据基础上，增加了本地区域自动站小时雨量数据（2009—2021 年），构建了精细到乡镇的 1 h、3 h、6 h、12 h、24 h 不同时间分辨率的雨量历史数据集和分等级阈值、降水频率数据集。

(2)统计天津降水持续时间

利用天津各区域自动站逐小时降水资料，对不同持续时间降水分类进行统计。从市区及周边降水的持续时间来看，大部分降水事件发生在 8 h 以内，且主要集中在 4 h 以内。

(3)检验现行预警信号标准对降水规律反映的全面性

现行预警信号标准包括 1 h、6 h 和 12 h 时效，需通过进一步分析降水规律，确定是否需要增加 3 h、24 h 时效标准。

通过分析 6 h、12 h 最大降水量和大于 50 mm 降水频次的空间分布可以看出，6 h 的最大降水量及大于 50 mm 降水频次的空间分布与 12 h 的基本类似，因此，不考虑增加 12 h 时效暴雨预警信号阈值标准。

通过分析 1 h、3 h 不同等级降水发生频次的空间分布规律，发现 20 mm 和 30 mm 以上等级降水，其降水频次空间分布较为接近。综合考虑天津市防汛抗旱办公室意见，不增加 3 h 时效暴雨预警信号阈值标准。

(4)统计降水出现极大值的时间规律

市区及其周边降水出现极大值的时间规律。10 h 以上的持续降水在凌晨至清晨易出现极大值；持续时间 6 h 以内的短时强降水，特别是 4 h 以内的，市区及北辰在傍晚前后易出现极大值，而对于东丽、津南和西青，凌晨和傍晚至午夜两个时段接近。

全市范围降水出现极大值的时间规律。全市持续时间 1～4 h 的降水过程，降水量在傍晚到午夜易出现极大值；持续时间 4～10 h 的降水过程，降水量在凌晨易出现极大值。持续时间 1～2 h 的降水过程，降水频次在凌晨至中午出现较多，2～6 h 的过程凌晨和傍晚至午夜降水频次接近，对于 6 h 以上的降水过程，其频次则明显是凌晨多于傍晚至午夜。

3. 现行暴雨预警信号标准阈值合理性分析

按照 1 h、6 h、24 h 阈值标准对历史降水数据进行回算，并开展详细分析。

(1)回算达到区气象局预警信号标准情况

根据2009—2021年天津区域自动站统计分析，按现行暴雨预警信号标准回算历史暴雨预警应发频次，结果显示，现行1 h、6 h、24 h标准在发布同等级暴雨预警频次上基本均衡，不存在明显频次过多或过少等不合理现象，因此建议保留。

分别将1 h、6 h、24 h计算出的各区暴雨预警信号发布频次取最大值，将1 h、6 h、24 h计算出的频次进行累加。通过分析表明：根据各区预警信号标准，用13年历史资料回算，显示蓝色和黄色暴雨预警信号发布频次基本合理，橙色和红色预警略偏少。从区域分布看，塘沽和蓟州发布频次最多，但考虑蓟州山区和滨海新区沿海地区为天津市防汛“上防洪水、中防内涝、下防海潮”要求重点关注区域，可适当多发布暴雨预警，同时建议在该区域按照分乡镇或分区域发布暴雨预警执行；其他区发布频次比较均衡，均为合理频次。通过对各站年平均发布频次的分析，天津地区不需要分区制定暴雨预警信号阈值标准。

(2)回算达到市气象台预警信号标准情况

市级预警信号按照有两个区满足预警信号发布标准(即有两个以上区至少有一个自动站满足阈值，或者中心城区至少有一个自动站满足阈值)，通过分析发现：蓝色预警信号按照1 h发布标准，年平均发布11次；按照6 h发布标准，年平均发布11次；按照24 h发布标准，年平均发布17次。黄色预警信号按照1 h发布标准，年平均发布5次；按照6 h发布标准，年平均发布9次；按照24 h发布标准，年平均发布8次。橙色预警信号按照1 h发布标准，年平均发布2次；按照6 h发布标准，年平均发布4次；按照24 h发布标准，年平均发布4次。红色预警信号按照1 h发布标准，年平均发布0～1次；按照6 h发布标准，年平均发布1次；按照24 h发布标准，年平均发布1次。

从上述统计的次数来看，如果按照各时效的统计结果是互相包含的关系，发布次数基本合理，但由于降水的持续时间1 h、6 h、24 h均有可能，因此，真实情况不可能是完全互相包含的关系，从目前统计的次数来看，明显偏多。因此，建议应灵活掌握发布标准和规则：有两个区出现1/3的站点达到阈值标准，且有全市蔓延的趋势，或中心城区一个自动站达到阈值标准，需要发布市级暴雨预警信号。

(二)暴雨预警信号发布内容调整调研

根据中国气象局预报司表扬的部分地区做法，调研实施较好的预警信号发布形式，同时对涉灾部门需求进行调研，在此基础上，对天津市气象局预警信号发布内容进一步完善。

1. 如何体现小时雨强等精细化信息的优秀个例

例如：浙江省嘉兴市气象台2022年6月30日14时24分将暴雨橙色预警信号升级为暴雨红色预警信号：受强降雨云团影响，目前新塍镇已出现暴雨，预计未来3 h内南湖区、秀洲区、经开区所有镇（街道）仍有阵雨或雷雨，最大小时雨强40～70 mm，新塍等个别镇（街道）累积雨量将超过100 mm。请注意防范短时强降水引发的城乡积涝等次生灾害。

2. 防御建议针对性强的优秀个例

例如：重庆市渝北区气象台2022年5月9日07时30分更新"暴雨蓝色预警信号"为"暴雨红色预警信号"，预计未来3 h内，渝北区木耳镇、王家街道、古路镇等镇（街道）降雨量将达100 mm以上，降水时伴有雷暴大风等强对流天气，请注意防范强降水可能诱发的山体滑坡、泥石流、中小河流洪水、山洪、城乡积涝等次生灾害，以及雷暴大风可能造成的灾害。

3. 预警信号中体现部分地区暴雨会加重的优秀个例

例如：过去3 h，广东省清远市清城区源潭镇迎咀水库录得84 mm降水，飞来峡高田村、银盏林场降水已超过70 mm，预计未来2 h清城区降水持续，上述街镇仍有40～60 mm降水，清远市气象台于7月3日08时46分将清城区飞来峡镇、源潭镇、银盏林场、东城街道暴雨橙色预警信号升级为红色，其余街镇暴雨橙色预警信号继续生效，请加强对强降水及其引发的城乡积涝、山体滑坡等灾害的防御工作。

4. 调研涉灾部门需求

调研了市应急局、农业农村委、规划资源局等涉灾部门，根据服务需求，在暴雨预警信号中增加伴随的短时大风等强对流天气风险和其他易引发的灾害提示，提高防御建议的针对性。

（三）分析市、区两级预警信号分工合理性分析

1. 暴雨预警信号发布情况统计分析

2022年4月15日至8月31日市气象台共发布暴雨预警信号11期、雷雨大风预警信号8期。对预警质量进行检验，发现无论是暴雨还是雷雨大风，市气象台准确率均为最高，其中暴雨预警信号准确率为90%，命中率100%，空报率10%，漏报率0%。其他区气象局准确率在70%以下。市气象台雷雨大风预警

信号准确率为50%,命中率100%,空报率50%,漏报率0%。其他区气象局(除滨海新区、静海区气象局外)预警信号准确率均在40%以下。

从暴雨预警信号的提前量来看,市气象台暴雨预警信号发布提前量为94 min,区局平均119 min。其中津南最高,为246 min,宁河次之,为206 min。雷雨大风预警信号发布提前量,市台为72 min,区局提前量在0~132 min,平均为45 min。分析发现,部分预报能力较强的区局暴雨预警信号提前量高于市气象台全市发布的提前量,但是部分区气象局的预警信号提前量远低于市气象台。

2. 目前暴雨预警信号市、区两级分工基本合理

2022年,天津市气象局修订印发了《气象灾害预警信号发布实施细则》,规定当非中心城区出现雷雨大风、高温、霜冻、霾、雷电、冰雹等气象灾害时,由发生灾害的区气象局发布预警信号,市气象台仅发布涉及中心城区的预警信号。但对于暴雨而言,天津的防汛部门需要掌握全市暴雨发生情况,方便调度全市力量开展防汛工作。因此,根据天津地方需求,市气象台仍发布暴雨全市预警信号。同时从准确率和提前量的角度来看,对2021年暴雨预警信号发布情况进行分析,发现目前暴雨预警准确率市台最高,并且对区局有较好的指导作用。

四、思考与建议

一是继续实行暴雨预警信号市、区两级发布。市气象台在判断有两个区出现1/3的站点达到阈值标准且有全市蔓延的趋势或中心城区一个自动站达到阈值标准时,需要发布市级暴雨预警信号。

二是在暴雨预警信号中增加1 h雨强内容,实况、预报内容精细到乡(镇、街道)。

三是提高防御建议的针对性,在暴雨预警信号中增加伴随的短时大风等强对流天气风险和其他易引发的灾害提示。

四是提升预警信号的精细化程度,属地内可以部分区域升级,部分区域不变,也可以部分解除,部分不解除。

智慧气象保障城市数字化转型发展调研报告

冯 磊 姜纪峰 沈利峰 张 晖 杨 捷

（上海市气象局）

全面推进城市数字化转型，是践行“人民城市人民建，人民城市为人民”重要理念、巩固提升城市核心竞争力和软实力的关键之举。上海将推进城市数字化转型作为推动高质量发展、创造高品质生活、实现高效能治理的重要抓手，努力建设具有世界影响力的国际数字之都。2022 年，上海气象部门紧跟城市数字化转型步伐，先后面向市城运中心、市公安局、市住建委、市经信委、市农业农村委、市应急局、上海海事局等部门和城建数字集团等高新技术企业深入开展智慧气象保障城市数字化转型大调研和工作对接，提出了智慧气象保障城市数字化转型发展思路建议。

一、上海城市数字化转型发展现状分析

（一）数字化构建城市运行新形态

数字化重新定义了城市形态和能力，上海建设数字孪生城市从概念培育期加速走向建设实施期，市住建委牵头将建筑信息模型（BIM）、地理信息系统（GIS）和物联网（IOT）等多项技术统一集成，作为数字孪生城市建设基础，建设了以城市信息模型（CIM）为核心的涵盖城市规划、建设和运营管理全生命周期的应用平台和应用场景，构建了城市三维空间数据底板，集成提供城市全要素数字化表达、动态三维呈现、智能决策支持、模拟仿真推演等。

（二）数字化孕育经济发展新动能

数据要素对价值创造的乘数效应全面激发，产业数字化能级不断提升，打造了一批具有全国影响力的工业互联网行业平台，数字产业化持续深化，人工智能产业集聚核心企业 1000 余家，获批国家新一代人工智能创新发展试验区和人工

智能创新应用先导区。产业数字化和数字产业化“双轮驱动”，对传统经济体系进行全方位、全角度、全链条改造重构，催生了许多新产业、新模式，在线经济快速发展，网络零售、网络视听、消费金融等信息消费新业态不断涌现。

（三）数字化营造民生服务新体验

数字技术打破了时空界限，带来了生活领域的革命性变革，在线化、协同化、无接触为特点的应用场景不断迭代。运用大数据深度挖掘和智能分析，多元化的服务需求将得以精准发现、精准配置和精准触达，分布式、个性化、共享型的数字服务模式渐成主流。上海推行政务服务“一网通办”，“随申办”实名注册用户数超过5000万，数字化养老、数字化教育、数字化医疗、数字化出行、数字化体育服务等综合服务平台不断完善，融合普惠的数字生活应用新图景不断丰富。

（四）数字化带动社会治理新模式

数字化带动政府、企业、社会组织和个人协同共治模式，上海推动城市运行“一网统管”，数字赋能城市治理成效显著，按照“三级平台、五级应用”逻辑架构，建立市、区、街镇三级城运中心，实现“高效处置一件事”。打造了务实管用的智能化应用场景，重点建成城市之眼、道路交通管理（EDPS）等系统。建立实时动态“观管防”一体化的城运总平台，接入50个部门的185个系统、730个应用。

二、城市数字化转型和精细化治理对智慧气象的赋能要求分析

城市数字化转型在态势全面感知上下功夫，智慧气象要实现从观测到感知的升级。上海正在加快推动城市形态向数字孪生演进，完善城市ALOT（人工智能＋物联网）基础设施建设，部署全域智能感知终端，加快实现城市“物联、数联、智联”。基于海量、多维、全息数据打造城市运行生命体征，生动鲜活地刻画反映城市运行的宏观态势，掌握城市实时动态。为适应全面感知的发展需求，智慧气象应当实现从观测到感知的升级。

城市精细化治理在趋势智能预判上下功夫，智慧气象要实现从预报到先知的升级。在城市数字化转型背景下，城市精细化治理突出一个“防”字，通过设定安全阈值，构建智能化动态分析预测模型，提前预测预判预警，预知风险隐患，把管理端口最大限度前移，更好地防范“黑天鹅”“灰犀牛”，把风险隐患发现并消除在萌芽状态。为了适应智能预判的发展，智慧气象要实现从预报到先知的升级。

城市治理以数字化推进管理现代化，智慧气象要实现从外挂到内嵌的升级。

上海加快推动城市数字化转型，正在建设城市数字孪生平台，为城市治理提供城市全要素表达、动态三维呈现、智能决策支持和模拟仿真推演。上海持续深化“一网统管”建设，根据城市精细化治理实际需要开发设计更多应用场景。智慧气象需要通过城市气象孪生体建设为城市精细化治理提供智慧气象赋能的强大利器，通过气象先知系统、气象插件等实现气象服务从外挂到内嵌的升级。

城市精细化治理做到全周期管理，智慧气象要进一步发挥先导性作用。上海将全周期管理理念融入城市规划、建设、管理全过程，大力提升城市的空间韧性、设施韧性、管理韧性，保障城市运行的重大设施、重要功能的规划建设要强化分布式布局。智慧气象需要进一步发挥先导性作用，通过防御规划、气候可行性论证，提高城市的弹性适应能力。

城市精细化治理牢牢把握生命体特征，智慧气象要构建与城市治理的共生体。上海城市精细化治理正在构建城市生命体征①，从城市免疫预警系统（负责城市安全的监视、防御、调控）、呼吸系统（负责城市自然生态、气象、城市环境的监视和预警）、运动系统（负责支撑城市运行的各类软、硬件设施的安全监测和预警）等方面开展建设。智慧气象要从服务与被服务的弱连接向融为一体的强连接升级，构建智慧气象发展与城市治理发展的“共生体”。

三、智慧气象保障城市数字化转型发展思路建议

（一）总体思路

深度融入城市数字化转型，抓住上海“国际数字之都”建设机遇，推动气象数字化转型。基本建成以共享共用（Share）、以人为本（Human-centered）、自我驱动（Motivated）、赋能应用（Empowered）、数字孪生（Digital Twin）（简称：SH-MET，即上海智慧气象）为特征的智慧气象工作体系，以城市气象数字孪生体建设为重要抓手，以气象数字服务共生体为路径，以数字化改革为发展动力，带动智慧气象业务体系升级，形成智慧气象保障城市数字化转型“上海方案”。

---

① 上海依托市城运中心建设城市运行体征，聚焦城市是有机体、生命体，从城市免疫预警系统（负责城市安全的监视、防御、调控）、呼吸系统（负责城市自然生态、气象、城市环境的监视和预警）、运动系统（负责支撑城市运行的各类软、硬件设施的安全监测和预警）、新陈代谢系统（负责城市新旧更替、资源循环利用的安全监测和分析）、消化系统（负责城市运行所需能源、物资的供应监视和调控）、循环系统（负责城市车流、人流、物流、数据流等的安全监测、预警和调控）和神经系统（负责城市各类感知体系的运行监测和调控）等方面，扩大对实时动态感知数据的应用，为全生命周期管理奠定坚实基础。

(二)具体思路建议

1. 以典型城市区域为重点,建设城市气象数字孪生体

随着人工智能、数据科学、物联网和数字孪生体等新一代技术的出现,智慧城市逐步向数字孪生城市方向发展。城市气象数字孪生体是数字孪生城市的有机组成,是把握大气与城市相互关系的数字化镜像载体,是智慧气象赋能城市治理的实现路径、表现形态和未来目标。选取浦东引领区陆家嘴作为城市建筑密集的中央商务区(CBD)典型区域,临港自贸试验新片区作为滨江临海的产城融合典型区域、长三角生态绿色一体化示范区作为城市生态和跨区域联动典型区域,分别建设三类具有城市典型特点的城市气象数字孪生体。通过构建城市三维实况分析场、城市三维预报场和城市气象影响仿真,为智慧气象赋能城市精细化治理提供物理世界和数字空间交互的新范式。

建设城市气象影响仿真,即建立城市气象影响阈值矩阵,研发基于阈值的城市气象影响模型,开展高影响天气下城市运行预置分析,建设智能化应用场景,依托气象先知系统、气象插件等嵌入上海城市经济、生活、治理数字化"三位一体"数体,实现气象服务从外挂到内嵌的根本性转变。面向全领域数字经济创新,开发应用智慧气象赋能航运、制造、金融、商贸、农业等重要领域深层次数字化转型场景,赋能相关产业数字化转型。依托上海国际数据港和数据交易所建设,推进高价值气象数据开放共享、交易流通,推动气象融入数字经济。面向全覆盖数字生活新图景,以数字化提升市民服务体验为切入口,基于"市民随申气象台"开发服务市民健康、宜居、出行、文旅、消费等数字生活新图景的智能应用,运用包括政府在内的多种力量向基层居民提供更有"温度"的共治、自治的民生服务保障。面向全周期城市数字治理,加强气象为韧性城市规划服务,将未来本市气象灾害防御工程纳入规划建设,完善区域气候可行性论证机制,健全基于天气、气候的城市基础设施设计、建设标准体系。加强气象为城市建设提供全周期闭环服务,深耕建筑工地风险预警智能化场景应用,细化完善基于天气气候的城市建设施工风险阈值。加强气象为城市运行"一网统管"服务,强化气象灾害风险普查成果应用,与城市运行管理部门联合建立台风、强对流、高温、雨雪冰冻、大雾等城市气象影响阈值矩阵,联合研发气象要素对城市运行管理事件的影响模型,联合发布针对不同灾种、不同行业、不同风险、不同时空的气象灾害风险预警。

2. 以典型城市治理场景为重点,建设气象数字服务共生体

深度融入上海"一网统管""数字之都"建设,坚持与数字孪生城市同规划、同

建设、同运行、同发展，建立健全数据融合、算法融合、系统融合、机制融合"气象+"城市治理机制，将智慧气象保障城市精细化管理做深做细，通过建设城市气象影响阈值矩阵和算法工厂，智慧气象全面融入城市"一网统管"三级平台、五级应用体系，气象与城市治理形成相互赋能、不可或缺的服务共生体。

3. 以典型业务场景为重点，建设智慧气象业务有机体

建立自驱动服务、自适应业务、自学习创新和自进化迭代的智慧气象业务有机体，以业务数字化管理为核心，实现观测预报服务和科技的有机互动、有机组织和有机发展，为数字孪生提供智慧业务支撑。探索业务管理标准、业务管理算法和业务复盘优化全链条业务管理数字化，建成业务管理驾驶舱，探索观测预报服务主动、互动、联动的新范式。

建立以突发强对流大风天气等灾害性天气综合观测为核心的业务自适应场景，按照"谁发现谁发起"快速启动全链路业务，依靠卫星和雷达观测端的第一时间发现，识别跟踪，触发"观测即服务"预警服务机制，通过FSO（预报观测敏感性试验）和OSSE（观测系统敏感性试验），建立观测预报智能互动。建立以台风影响预报等数值模式为核心的业务自适应场景，基于数值预报和气象卫星，在亚太台风研究中心开展台风早发现业务，建立按远中近海责任海区和影响时间分类、风雨影响程度分级的递进式智能驱动业务模式。建立以危化品泄漏等应急服务为核心的服务自驱动场景，示范建立基于智慧管理的观测预报服务业务三联动工作流程，通过需求数字化解析技术，将突发公共事件实时转化成业务指令，启动加密协同观测、数据融合处理、资料同化分析、污染扩散模式快速计算、快速预报等最优组合前后端和并行业务系统，通过影像仿真，根据基于阈值的分析研判提供决策服务信息，在最短时间实现向城运、应急等联动部门服务。

4. 以构建智慧气象"数字飞轮"为重点，推进气象数字化改革

数字化转型是建立在数字化转换、数字化升级基础上，进一步触及核心业务，以新建一种业务发展模式为目标的高层次转型。只有对其业务进行系统性、彻底的重新定义——不仅仅是IT，还包括对组织活动、流程、业务模式和人才能力的方方面面进行重新定义的时候，成功才会得以实现。因此，所有动力来自数字化改革，通过构建智慧气象"数字飞轮"，积累数字资产，为智慧气象高质量发展提供有利环境和内生动力。

（1）基于数字认知的管理变革

发展建设与智慧气象业务建设要求相匹配的领导组织，提高领导层数商。建设数字化转型文化，建立以智慧气象业务有机体建设为导向的创新激励文化，

建立基于数据、算法解决业务问题的激励机制，提升业务人员运行数据、算法解决业务问题的意识和主动性，形成“以数据思维满足业务需求”的文化氛围。建立数字资产理念，建立数据管理委员会，构建数据资产管理体系，建立一套监督、管理数据资产应用情况的规范体系，监控数据赋能业务的进程和价值。

（2）基于创新平台的技术变革

建立政府、市场、社会有机结合、协同攻关的产学研用气象科技创新平台，更加深度参与上海城市数字化转型战略，增强上海气象科技的全球创新策源能力。实施应用场景“揭榜挂帅”工程，积极探索多元参与的城市气象数字孪生体应用场景建设模式。推进气象科技数字化，实施算法工程，将科技人员的科技成果和业务人员的业务经验转化为算法，打通气象科技到气象业务的路径。推动数字化赋能气象科技，积极应用云大物智移、数字孪生、元宇宙、量子计算等数字技术，赋能观测技术、数值预报技术、智能预报技术和专业服务等技术升级。

（3）基于柔性管理的组织变革

探索设立适应数字化转型的新型业务科研岗位，培育以“首席算法师”为代表的复合型人才，按需建立预报服务产品设计师、系统架构师等新型研究性业务岗位，促进业务人员的岗位技能转型。开展气象数字化应用场景“市民体验评价”，探索建立“用户体验师”制度，持续推动场景迭代升级。探索建立适应即时启动、多元构成、敏捷开发等需求的柔性团队组建机制，打破组织壁垒和专业壁垒。通过与高校、科研机构、企业等建立合作机制，以重大科研业务项目为平台，打造强互补、可转化的“柔性团队—柔性机构—常设机构”多维组织体系。

甘肃省新能源气象服务业务调研报告

刘 抗 邸燕君 闫晓敏 达选芳 李 遥 景 慧

（甘肃省气象局）

甘肃省气象服务中心（简称“中心”）自 2011 年开展新能源气象服务业务以来，依托《丝绸之路经济带西北五省区交通和风能太阳能气象保障服务工程（甘肃）》项目，先后自主研发太阳能光伏功率预测系统、新能源风功率预测业务系统、风能太阳能气象服务业务平台（简称“两系统一平台”）。以“两系统一平台”为载体，通过开展风能太阳能功率预测关键技术研究，对研究成果进行集成应用，初步构建了完整的新能源气象服务业务体系和业务流程，有效地支撑了新能源气象服务业务的高效运行。

2017—2018 年，中心为全省 34 家风电场和光伏电场提供功率预测服务，该项业务为气象部门实现年经济创收 280 余万元。随着电力行业新版“两个细则”的实施，对于功率预测准确率的考核也更加严格。同时，随着新能源气象服务市场竞争不断激化，中心服务的新能源发电企业不断流失，经济创收也不断下滑。

针对诸多问题，中心新能源服务室面向甘肃省新能源电力行业开展了一次气象服务业务调研，调研成果如下。

一、新能源气象服务的重要性

“十四五”期间，甘肃省风电、光电装机进入高速发展阶段。截至 2022 年 9 月底，甘肃省新能源装机总量已超过 3200 万千瓦，风电、光伏装机已超过全省电力装机的 50％，成为省内第一大电源，预计 2025 年，甘肃省风电、光伏装机总量将达到 8000 万千瓦。4 条特高压直流输电线路横贯东西，19 条省际 750 千伏线路与陕青宁新四省（区）相连，新能源电力外送至 21 个省（区、市）。

随着“碳达峰、碳中和”目标的提出，甘肃省将着力加快构建清洁低碳能源体系。而风能、太阳能的开发利用，对气象条件的依赖性很强。新能源发电的波动性特征需要发电功率预测为电网调度提供依据，而气象数值模式预报恰恰具备这样的“先天条件”，将预报中提取的风、光等气象要素输入到发电功率预测模型中，就可以输出风、光电站所用的超短期、短期甚至中长期的功率预测数据，为电力交易提供参考依据。新能源发电具有较强的“靠天吃饭”本质特性，极端（灾害）天气会对新能源的安全运行产生较大影响，例如雨雪冰冻、极端低温、极端大风等对电力设备安全和发电效率影响尤为严重。气象部门发布的电力气象预报预警信息，能够帮助电力企业规避风险和减轻损失，保障电网安全稳定运行。

二、新能源气象服务现状

目前，省外开展新能源气象服务的单位主要有湖北省气象服务中心、内蒙古气象服务中心、上海台风所、中国电科院新能源研究所、玖天气象科技有限公司等，分别从数值预报研发和功率预测算法等方面提供新能源气象服务。

（一）准确率分析

据国家电网甘肃省电力公司调度中心截至2021年4月的统计，甘肃省新能源整体超短期预测平均准确率为86.89%，其中超短期预测准确率平均值高于整体平均值的厂家共11家；风电整体超短期平均准确率为85.86%，高于平均值的厂家共4家；光伏整体超短期平均准确率为87.31%，高于平均值的厂家共11家。甘肃省气象服务中心以甘肃麦克参与风电、光伏超短期功率预测准确率排名，风电超短期准确率在第4位，光伏超短期准确率在第9位。

（二）服务优势分析

气象部门与社会企业新能源气象服务优势对比见表1。

表1　气象部门与社会企业新能源气象服务优势对比

	气象部门	社会企业
体制机制	依托中国气象局的领导，可开展省、市、县三级新能源集约化发展，市、县两级可充分掌握新能源风光电场的业务需求，省级可提供技术支撑，三方联动推进新能源功率预测业务发展	体制机制灵活，能够适时开展面向行业客户的商务营销，也能够提供一定比例的经费作为技术研发和市场拓展的奖励，刺激员工的工作积极性和热情

续表

	气象部门	社会企业
行业背景	拥有地、空、天一体化的现代气象观测站网，数据更新频率达到分钟级，建立了长序列多要素历史数据集，可开展上下游联动的天气监测预报预警服务，研发了适合西北地区的区域数值预报模式，结合中国气象局下发的全球数值预报模式，可开展精细化程度更高的新能源气象服务	企业拥有电力行业或风机制造背景，深耕电力服务多年，掌握了风能太阳能发电的核心技术，熟悉电力部门技术规则；拥有央企、国企、民营企业等庞大的客户群体，能够为华电、华能、大唐、中电投等多家集团公司提供专业化的功率预测服务
技术研发	能够对甘肃省各要素观测资料进行快速循环同化，对多源数值模式产品进行融合处理与加工，开展适应复杂下垫面的功率预测业务	能够结合行业数据开展大数据挖掘和分析应用，依托高等院校、科研院所的研究成果，开展面向功率预测业务的机器学习算法研究与集成应用
售后服务	甘肃气象部门可在第一时间到达服务电场，及时处理解决电场端功率预测业务中各类突发事件；根据高影响天气对发电企业的影响，开展“递进式”的行业气象服务，对场站测风塔、测光站开展定期巡检和设备标定业务	在电力行业服务方面，积累了大量的工作经验，包括系统故障、数据质控、模型改进、算法应用、网络传输等，能够为发电企业提供最优解决方案，根据用户的需求适时补充、调整服务方式和内容
人才队伍建设	气象部门人才队伍建设主要以气象及相关专业的硕士研究生为主，在气象服务领域具有扎实的理论知识和技术能力，能够掌握天气形势的演变，研判未来天气变化趋势；更加注重团队建设，能够为人才的成长提供更好的平台和机会	全面吸收气象、电力、网络、算法、营销等多方面的人才，学历层次涵盖博士、硕士、本科，能够为人才提供创新发展的平台，从系统建设、模式应用、算法研究、商务营销等方面成立了专业化的团队，针对不同问题，由各团队响应处理

三、新能源气象服务业务调研及推广情况

2022 年 4 月新能源服务室安排技术骨干前往酒泉市金塔县红柳洼光电产业园对四家光伏电站进行了实地调研（包括在建电站、运行一年的电站、运行十年的电站三类），分别对电站功率预测厂家、招标方式、服务情况进行了详细的调研了解，各电站情况如下。

晶亮光伏电站，目前正在施工中，现场工作人员为项目总包，根据施工方介绍，发电企业（即业主上海晶科电力）在项目总包招标时会给出一个设备厂家短名单，在分包时各种设备厂家需在该短名单中选择，二次设备（功率预测系统属于二次设备）厂家主要为南瑞。

正泰光伏电站，运行近10年，电场工作人员介绍该电站总公司为杭州正泰光伏发电有限公司，在全国范围内有电场100余家，兰州分公司位于七里河建工大厦，电站使用东润环能功率预测系统8年左右，没有更换系统需求；根据技术人员介绍，新并网1～2年的电场不参加现货交易，省调每月会在电网内部的系统中下发准确率考核表，这些新建电场承受的考核压力较大；另外新建电场二次设备（包括功率预测）都使用同一厂家，整体完成工期短且顺利，很少有新建电场把功率预测服务单拎出来招投标。

晶科科技光伏电站，运行不足一年，目前使用南瑞的功率预测系统，可能有换系统需求，但是需要保证每个月的考核尽可能减少。

中核汇能光伏电站，运行多年的老电场，目前有一家在建场站；电站使用的功率预测系统由集团公司统一确定厂家，目前使用东润环能的功率预测系统；在建场站各种设备系统已完成招标，且新建场站在建设批复后一到两个月进行总包招标，之后一到两个月总包分包给各设备公司，招标在集团公司自有招标公司及网站进行。

通过此次实地调研功率预测市场服务情况，针对多家电站的不同需求，业务人员从技术先进性和服务多样性等方面介绍推广了光伏功率预测系统，其中一家电场初步达成合作意向。

四、业务发展面临的主要问题

（一）预报准确率还存在差距

目前业务中使用欧洲中期天气预报中心（ECMWF）、“绿海”、公共服务中心下发产品3种模式预报产品，风速预报和辐射预报的准确率与省调的考核要求还有一定的差距，这就导致了风功率和光伏功率预测结果与实况存在较大偏差。

（二）技术方法进入瓶颈期

经过多年的功率预测关键技术研发，从统计学方法到机器学习算法，在风速、辐射预测订正方面已经做了大量的工作，但是统计学方法在超短期预测中的提升已经微乎其微，而机器学习算法在实际业务中的应用难度却很大。气象部门拥有地空天一体的一手实况观测数据，但在新能源功率预测中的应用还有一定难度。

（三）商务营销出现脱离

部门内体制机制不灵活且中心业务调整和人员流动等因素，对新能源气象服务的市场影响很大，商务营销人员欠缺是最主要的问题之一，曾经参与新能源市场开拓的一些老同志或退休或调离原有岗位，而年轻人对商务营销缺乏实战经验，缺乏营销关系。南瑞、国能、远景、金风等功率预测厂家已在电力行业深耕多年，其提供功率预测的同时也是风机厂家以及电网的长期合作伙伴，对市场发展动向有更高的敏感性，在市场拓展上具有先天优势。

（四）功率预测业务推广存在一定风险

运行10年左右的电场，功率预测系统对现货交易的影响不是很大，且省调现在不对这些电场的准确率进行考核，更换功率预测系统需向分公司、总公司提交需求，还要作出效益保证，审批流程复杂，如果没有很大的问题，部分电站不考虑更换系统。

（五）新能源气象服务的重视程度还不够

新能源气象服务可以全力保障电场趋利避害，稳定高效运行，从电场资源评估和微观选址、多时间尺度资源预测、功率预测模型改进优化、重大灾害性天气监测预警等多个方面为电场提供气象保障服务，但是很多电站关注的重点往往是风速大不大、辐射好不好，对于新能源气象服务的重视程度还不够高。

五、新能源气象服务业务方向

甘肃省气象服务中心根据调研结果及对问题的总结，认真梳理了新能源气象服务五大类11项业务工作重点，制定了更加全面的新能源气象服务业务流程，拓宽业务范围，全流程参与新能源电场建设及运维，从电场建场初期的资源评估、微观选址等服务业务，到电场建成后的功率预测、中长期气候预测、高影响天气服务保障和灾害天气预警等，提供全方位、全天候的新能源气象服务。

新增的新能源气象服务内容包括结合现货交易的短临订正服务、重大天气过程专报和灾害天气预警服务、全省未来3天风资源趋势预报、风能太阳能资源评估及短期气候趋势预测服务等，其中具有针对性和特色的服务主要有以下几类。

(一)多源数值预报融合应用与辅助决策

新增了 CMA-WSP、智能网格、Grapes_3km、RMAPS、GFS 这 5 种数值模式预报产品的解析入库，基于卡尔曼滤波、相似误差、长短期记忆网络等风速订正模型进行融合应用，开发了适用于复杂地形的风电场数值预报产品，通过对比检验分析，为电场提供最优预报结果，风速平均绝对误差在 2 m/s 以下。

基于融合后的模式预报产品，制作全省风资源气象服务专报，为短期现货交易提供辅助决策，已累计提供 200 余期服务产品。

(二)优化新能源功率预测业务体系

甘肃省气象服务中心根据多年开展风能太阳能功率预测关键技术研究，以及对研究成果进行集成应用的经验，重新梳理构建了以数据采集、数据订正、功率预测、产品开发为主体的新能源气象服务业务体系和业务流程，并根据市场需求优化升级了风光功率预测系统。

风光功率短期预测系统 V2.0 版本功能模块分为数据采集、功率预测、数据统计订正、电场计划及补录等。系统集成了多项核心技术，可为风、光电场提供风电功率预测产品 4 类 13 种，实况数据产品 3 类 31 种。

同时风能太阳能气象服务平台作为新能源气象服务提供数据管理分析的业务支撑平台，整合了采集、存储、监测、分析、展示等功能。平台包括数据库建设、数据监控、统计分析、预报订正、功率预测模型训练、资源评估、气象服务管理、电场基本地理信息等多个功能模块。

(三)功率预测模型改进

根据不同风电机组的实际功率输出特性，基于多项式曲线拟合方法，分季节建立单台风电机组的风功率转换模型。由整场建模改进为单台风机建模，风功率模拟误差的幅度和稳定性在 4 个季节均有明显改善，单台风机功率平均绝对误差降低了 38%，均方根误差降低了 67%，为复杂地形功率预测提供更好的解决方案。

(四)业务拓展——高影响天气服务保障

从覆冰对风机和电网的多方面影响入手，采用“统计模型＋数值模式”的形式，结合不同覆冰资料和电场环境实况数据，建立华家岭地区风机、电网覆冰预报模型，开展冬半年华家岭地区风机和电网覆冰预报服务，为电场提供科学合理的发电辅助建议。

（五）业务拓展——中长期资源预测

采用再分析背景场、台站风速观测数据、自动站 10 m 风速数据、测风塔 70 m 风速数据，通过气候统计与插值计算，进行气候特征分析及资源总量计算，开展风能太阳能资源评估工作。为中长期发电计划制订提供参考，基于气候动力延伸模式，通过历史数据统计和相关特征分析，开展风能太阳能资源短期气候趋势预测工作。

根据甘肃省风能太阳能资源评估结果和气候趋势预测，制作甘肃省风能太阳能资源评估和甘肃省短期气候及风能太阳能预测专报，为电场提供服务。

六、新能源气象服务改进措施

（一）提升区域数值模式预报产品的精准化水平

根据新能源风电场和光伏电站对模式预报实时性和准确率的需求，通过对“绿海”数值预报模式的改进与优化，能够实现模式预报产品空间分辨率达到 3 km；时效达到 0～288 h，其中 0～72 h，时间分辨率 15 min，72～168 h，时间分辨率 1 h，168～288 h，时间分辨率 3 h；风速预报平均绝对误差≤2 m/s，辐射预报平均绝对误差≤100 W/m^2。

（二）加强部门合作，破解技术瓶颈

通过与高等院校和科研院所的合作与交流，推进随机森林、LSTM、LightGBM 等多种方法在新能源功率预测中的应用与研究，综合运用气象部门多源实况数据，开展超短期风速和辐射预报订正，提高超短期预报准确率，科学指导电场进行现货交易。

（三）拓展新能源气象服务覆盖面

面向国网甘肃省电力公司，深化部门全方位合作发展，根据省电力公司各部门对气象服务的需求，确定中短期预报、格点数据、气候预测及评估、实况监测及分析、专题预报等六大类 45 种气象服务产品。为省电力公司提供新能源气象服务，包括甘肃省境内各风光电场未来 72 h 多要素预报产品、甘肃省风光电场片区天气预报、甘肃省新能源短期风光资源格点化预报产品、甘肃省逐月风能太阳能资源评估与气候趋势预测、区域风光资源预报纠偏服务等。

（四）积极加入电网运营模式

在与甘肃省电力调度的交流中我们了解到，目前省调主导新建了一套新能源数字化平台，该平台一端连接功率预测厂家，一端连接风、光电场，实现电场择优选择服务商的目的。目前该平台已建成，金风、远景、南瑞、国能等功率预测头部企业已入驻。我们已积极取得联系，近期将功率预测模型融入该平台中，成为全省400多家电场的选择对象，争取为更多的电场提供服务。

随着"碳达峰、碳中和"目标的提出，甘肃省气象服务中心将切实围绕电网各部门各环节的业务需求，整合资源，从能源保供、现货交易、消纳外送、电力调度、电网安全运行等多个方面提供精细化的气象服务，气象赋能电力，为甘肃省加快构建清洁低碳能源体系，打造清洁能源生产和利用强省保驾护航。

气象灾害防御地方立法调研报告

陈　媛　苏　瑶　龙莉华

（湖南省气象局）

气象灾害防御工作是贯彻落实习近平总书记关于气象工作重要指示、践行以人民为中心发展思想的具体体现。为贯彻落实防灾减灾救灾“两个坚持、三个转变”要求，发挥气象防灾减灾救灾第一道防线作用，助力湖南“三高四新”战略发展，湖南省人大于2022年出台了《湖南省气象灾害防御条例》（简称《条例》）。在立法过程中，湖南省气象局对全国的气象灾害防御立法状况进行了收集整理、梳理问题、探索解决路径，形成此调研报告。

一、气象灾害防御立法现状

（一）国家关于气象灾害防御设立的法律、行政法规

2000年正式实施的《中华人民共和国气象法》（2016年修订）（简称《气象法》）中专设了一章共五条九款对“气象灾害防御”工作进行了规定，涉及政府职责、气象主管机构职责、气象灾害防御方案、人工影响天气、雷电灾害防御等五个方面。2010年国务院颁布了《气象灾害防御条例》（国务院令第570号2017年修订），是基于不同气象灾害种类发生及发展特点制定的，是第一部专门规范气象灾害防御工作的行政法规，不仅完善了气象灾害防御法律体系建设，也为地方立法提供了上位法依据。

（二）全国各省（区、市）立法情况

截至2022年8月，31个省（区、市）和29个具有立法权的较大的市，先后制定出台气象灾害防御的地方性法规和政府规章共66部，其中地方性法规47部，地方政府规章19部。重庆于2002年由市人大常委会公布《重庆市气象灾害防御条例》（2017年修订）是省级层面制定气象灾害防御的第一部地方性法规。广

东省人民政府 2018 年公布了《广东省气象灾害防御重点单位气象安全管理办法》，专项规范气象灾害防御重点单位的管理。

（三）湖南气象灾害防御立法情况

目前湖南共有《湖南省实施〈中华人民共和国气象法〉办法》《湖南省雷电灾害防御条例》《湘西土家族苗族自治州气象灾害防御条例》三部地方性法规。湖南省人大、省政府在 2021 年将《条例》列入立法调研计划，2022 年列为预备提案项目，并于 2022 年 11 月正式出台。

二、气象灾害防御立法中存在的主要问题

（一）政府对气象灾害防御工作的统筹协调职责规定不明

1. 国家层面现有的立法规定重原则性，可操作性不强

从现有的立法看，《气象法》在气象灾害防御中只规定了政府编制气象灾害防御规划、制定气象灾害防御方案、加强对人工影响天气工作领导等职责。《气象灾害防御条例》中仅规定了政府对气象灾害防御工作的组织、领导和协调。将气象灾害防御纳入国民经济和社会发展规划、气象所需经费纳入财政预算。

2. 各地方立法存在一定的局限性，缺乏将气象应急融入政府“全灾种 大应急”职责的工作机制

地方立法对政府职责规定中，一般分为县级以上人民政府、乡（镇）人民政府、街道办事处各村（居）民委员会三个层次。在对县级以上人民政府具体职责的规定上，除江苏省、山东省之外，多数省份只规定“建立健全气象灾害防御协调机制”，北京市的表述为“健全管理体制和工作机制”，仅江西省规定“设立气象灾害防御协调机构，建立健全气象灾害防御工作的协调机制和责任制”。基本上，县级以上人民政府的职责主要为加强领导、建立机制、纳入规划以及财政预算、宣传教育，对气象灾害防御职责实施缺乏清晰的设定。

以河南郑州“7·20”特大暴雨灾害事故暴露的问题为例，其中之一就是应急指挥机构重叠、职能重叠、工作重合，造成灾难面前缺乏统一指挥，关键时刻不能发挥应有作用。

（二）部门应急响应联动机制不健全

一是有关部门制定的相关应急预案没有与气象灾害应急预案相衔接，没有

按照气象预警信息分种类、分等级设置应急响应措施。二是跨部门的联合研判机制没有建立健全。有关部门制定的相关应急预案与气象灾害应急预案相衔接的内容完全没有体现，已出台的法规一般都表述为相关部门制定的气象灾害应急预案应当与当地政府制定的气象灾害应急预案相衔接，而此项法律制度的规定没有从根本上解决部门联动不足的关键性问题。特别是没有建立健全以重大气象灾害预警信息为先导的政府和社会的应急联动机制。

目前中央层面关于跨部门联合研判机制的相关规定主要集中在相关规范性文件，外省市中仅浙江省和重庆市对跨部门风险研判机制作出规定，其中浙江省对个别部门应进行风险研判作出规定，重庆市对跨部门风险研判机制作出了细化。

1. 中央层面相关规定

一是《中国气象局气象灾害应急预案》：五、应急响应规程：应急会商组织。为确定应急响应的种类、级别、范围，根据实际情况进行应急会商和综合研判，以《重大气象灾害应急响应启动等级》为应急响应启动的参照标准，综合考虑预警信号、可能影响程度、临近实况监测、发生灾害范围、公众关注程度等多种因素，提出启动应急响应的具体建议。二是国家能源局《关于电力系统防范应对低温雨雪冰冻灾害的指导意见》：十、做好冰情监测预警。地方电力管理部门、国家能源局派出机构要跟踪关注与电力系统运行相关的低温、雨雪、冰冻等气象信息，加强冰情信息分析研判。

2. 外省市相关规定

《浙江省气象灾害防御条例》："县级以上气象主管机构所属的气象台站应当加强对雷电、大风（龙卷）、冰雹等强对流天气的风险研判，并将重要研判信息实时通报自然资源、交通运输、水行政、农业农村、住房和城乡建设、应急管理、林业、渔业等部门。"《重庆市气象灾害防御条例》："市、区县（自治县）气象、环保、卫生计生、公安、交通、城市管理、旅游、农业、水利、国土房管、林业等有关部门应当共同做好气象因素对大气环境质量、疾病疫情、道路交通安全、城市积涝、旅游安全等影响的联合分析研判和预警。"

（三）对气候可行性论证的管理如何满足"放管服"改革要求对依法行政的需要是当前立法聚焦的重点

1. 国家及部委现有的立法中对履职主体规定不一致

《气象法》中规定："各级气象主管机构应当对城市规划、国家重点建设工程、重大区域性经济开发项目和大型太阳能、风能等气候资源开发利用项目进行气候可行性论证。”《气象灾害防御条例》中规定：“县级以上人民政府有关部门在国家重点建设工程、重大区域性经济开发项目和大型太阳能、风能等气候资源开发利用项目以及城乡规划编制中，应当统筹考虑气候可行性或气象灾害的风险性，避免、减轻气象灾害的影响。”《气候可行性论证管理办法》规定进行气候可行性论证的主体为项目建设单位，规定项目建设单位在组织“（二）重大基础设施、公共工程和大型工程建设项目；（三）重大区域性经济开发、区域农（牧）业结构调整建设项目；（四）大型太阳能、风能等气候资源开发利用建设项目；（五）其他依法应当进行气候可行性论证的规划和建设项目”时应当进行气候可行性论证，并对建设单位应当进行而未进行气候可行性论证设置了罚则。

国务院、湖南省规范性文件有关规定情况：国务院《清理规范投资项目报建审批事项实施方案》规定，气象部门重大规划、重点工程项目气候可行性论证列入“涉及安全的强制性评估”之一，“各有关部门和单位要抓紧按程序做好修改法律法规、部门规章和规范性文件工作……对涉及安全的强制性评估，应通过细化标准、严格监管等，确保安全措施落实到位”。《湖南省工程建设项目审批制度改革工作领导小组办公室关于印发工程建设项目区域评估工作实施方案的通知》明确各类园区管理机构（即园区管委会等，未设立管委会等的由所在市州人民政府指定负责机构）为实施建设项目区域评估的主体单位，同时将重大工程气候可行性论证列为区域评估事项。

2. 地方立法中对气候可行性论证的管理规定如何与“放管服”改革要求下，服务优化营商环境进行依法行政还有待完善

多数省份在规定开展气候可行性论证的内容基本同部委规章《气候可行性论证管理办法》保持一致，在规定进行气候可行性论证的主体为建设单位的同时设置了相应罚则。以浙江、河南为例，既未规定进行气候可行性论证的主体，也未设置罚则。依据上位法要求气象主管机构是气候可行性论证的履职主体。作为强制性评估项目不得以行政审批方式作为前置条件增加市场主体负担，还需在法律条文中对开展的范围与要求予以明确。

三、解决问题的路径——以《湖南省气象灾害防御条例》为例

《湖南省气象灾害防御条例》因出台晚，湖南省在立法过程中充分借鉴吸纳国家及各省成熟立法经验同时，对实施中暴露出的问题进行深入分析予以完善。尤其是 2021 年发生河南郑州“7・20”特大暴雨灾害事故，甘肃白银马拉松大赛

遭遇突发降温、降水、大风高影响天气事件，这类因灾害性天气引发的安全事故给气象灾害防御工作带来了新考验。2022 年 4 月国务院印发《气象高质量发展纲要(2022—2035 年)》就是旨在应对我国日益增多的极端天气气候事件，满足统筹发展和安全防范气象灾害重大风险的要求，这些都为湖南省气象灾害防御立法工作提供了指引。

《条例》于 2022 年 11 月 23 日经湖南省第十三届人民代表大会常务委员会第三十四次会议审议通过并予公布，自 2023 年 3 月 1 日起施行。《条例》对统筹政府职责、明确气候可行性论证范围与要求、强化人工影响天气、强化气象灾害风险预防、完善预报预警和应急响应制度都作出了新规定和要求，为气象灾害防御立法贡献湖南经验。

(一)强化政府职责，发挥气象部门第一道防线作用

《条例》在上位法的基础上，一是明确提出县级以上人民政府要完善气象灾害防御体系，建立健全以气象灾害预警为先导的部门应急联动机制和社会响应机制，加强绩效考核，将气象灾害应急指挥和统筹协调职能纳入地方综合防灾减灾救灾领导机构职责等具有可操作性的规定。有关人民政府及其部门必须通过组织制定气象灾害防御规划，编制气象灾害应急预案，实施气象灾害应急处置措施等行为，履行组织、领导和协调气象灾害防御工作职责，否则，就要依法承担相应的责任。二是强调要将气象灾害应急指挥和统筹协调职能纳入地方综合防灾减灾救灾领导机构职责，就是要构建将气象应急融入政府“全灾种 大应急”职责的工作机制，避免由于应急指挥机构重叠、职能重叠、工作重合，造成灾难面前缺乏统一指挥，关键时刻不能发挥应有作用，类似河南郑州“7·20”特大暴雨引发的灾难性事故再次发生。三是规定村民委员会、居民委员会协助做好防灾避灾工作职责。这也是实施“网格＋气象”行动，将气象防灾减灾纳入乡镇、街道等基层网格化管理的落地实施。一方面将职责限制为协助范畴切实减轻基层负担，另一方面通过确定气象灾害信息员，实现预警信息直达基层，有效提升基层气象灾害防御水平。

(二)厘清部门职责，切实解决部门联动问题

《条例》第三条规定，县级以上气象主管机构会同水利、农业农村、林业、自然资源、生态环境、住房和城乡建设、交通运输、文化和旅游、应急管理、教育、公安、民政和广播电视等有关部门，研究制定本行政区域内极端天气防灾避险制度，在信息共享、灾情研判、预报预警、应急处置上密切合作，共同做好气象灾害

防御工作。

首先明确气象灾害防御工作必须在各级政府的统一领导下，各部门按照职责分工，各负其责，密切配合，才能共同做好。本条从两个层面确立了气象灾害防御工作中的职责分工：气象主管机构要会同水利、农业农村、林业、自然资源、生态环境、住房和城乡建设、交通运输、文化和旅游、应急管理、教育、公安、民政和广播电视等有关部门，研究制定本行政区域内极端天气防灾避险制度，共同做好本行政区域的气象灾害防御工作。其次要求各有关部门要在信息共享、灾情研判、预报预警、应急处置等方面密切合作，强调了各部门的协调联动，特别是在关键环节形成防灾减灾工作合力，也有利于避免气象灾害防御工作在某些行业部门以及领域出现真空地带或推诿，从而提高气象灾害防御工作的时效和能力。

（三）明确气候可行论证的项目范围，对安全评估实施闭环管理

《条例》第七条规定县级以上气象主管机构应当依法组织对国土空间规划、国家和省重点建设工程、重大区域性经济开发项目，以及大型太阳能、风能等气候资源开发利用项目进行气候可行性论证。省气象主管机构会同省人民政府发展改革部门以及有关行业主管部门确定需要进行气候可行性论证项目的具体范围。

目前，地方气候可行性论证工作存在的突出问题是需要论证的范围不明确，气候可行性论证结论尚不能与规划、建设项目审批有机地衔接，气候可行性论证报告的结论在相关部门审批规划和建设项目时的地位和作用没有得到充分体现，存在脱节的现象。所以本《条例》明确了必须开展气候可行性论证的项目范围，并规定有关部门对项目依法进行项目可行性研究报告审批或者项目申请报告审核时，应当将气候可行性论证纳入审查内容。

关于对口援藏情况的调研报告

程文杰[1]　唐劲风[2]　陈德生[3]　黄　镇[4]

（1. 中国气象局计划财务司；2. 重庆市气象局；
3. 河南省气象局；4. 新疆维吾尔自治区气象局）

为贯彻落实中国气象局《气象部门推进西藏气象事业高质量发展援藏举措分工方案》（中气函〔2020〕183 号）文件精神，全面掌握近两年来西藏气象事业发展、援藏工作进展及实施方案的贯彻落实情况，进一步做好对口支援工作，计财司组成援藏工作调研组赴西藏基层气象部门开展工作调研。

一、调研总体情况

根据年度计划安排，计财司组成援藏工作调研组于 2022 年 6 月 22—28 日深入西藏区局，拉萨市局及墨竹工卡县局，林芝市局及墨脱、波密、朗县、米林县局，山南市局及扎囊、加查、隆子、贡嘎县局进行实地调研。调研组实地查看台站环境、听取工作介绍、与干部职工座谈交流，并代表计财司对所到县局进行慰问。从调研情况来看，西藏气象部门和各施援单位在贯彻党中央治藏方略、落实中国气象局党组关于推进西藏气象高质量发展的决策部署上政治站位高，思想认识和组织领导到位，工作措施有力，成效十分显著。所到之处，基层气象台站干部职工展现出在恶劣自然条件下克服困难、坚守高原、扎根边疆、以苦为乐的精神风貌。

二、工作进展及成效

（一）基层党建水平进一步提升

利用项目援藏进一步推动党建基础设施薄弱问题的解决。例如，昌都市气象局和拉萨市当雄县气象局利用重庆市气象局和江苏省气象局的项目援藏资金完成了党建长廊和气象文化建设工程。隆子县局打造的党建文化长廊成为开展党史学习教育、爱国主义教育、民族团结和廉政教育的新阵地。利用交流学习援藏，培训基层党建工作者，提升了人员素质。通过各类形式的援藏进一步巩固了党建阵地，提升了基层党建水平，促进了边疆发展环境的稳固。

（二）生态文明与乡村振兴气象服务取得新进展

开展了青藏高原多圈层综合立体站网和气候观象台建设，建成了“两江四河”源头、高原冰川脆弱区等生态区 12 个冰冻圈观测站，稳步推进日喀则、墨脱国家气候观象台建设。开展了雅江北岸沙化治理大气环流模拟研究，参与了重点区域生态生物安全调查研究。积极开展乡村振兴气象保障服务，在国家级业务单位和援藏省份的支持下，山南勒布沟、林芝鲁朗先后成功创建为“中国天然氧吧”，隆子黑青稞、朗县辣椒获“中国气候好产品”认证；提供 585 个自动气象站看护扶贫帮扶岗位支持脱贫攻坚，获得原国务院扶贫办的肯定和领导批示；积极带动消费扶贫，先后在央视“天气预报”栏目宣传“隆子黑青稞”“美丽达东”西藏农产品品牌，有效提升了乡村振兴气象服务能力和效益。

（三）重大气象服务保障成效显著

开展川藏铁路气象保障服务，积极推动沿线站网建设，将川藏铁路指挥人员纳入气象预警信息接收人群，靶向发布 800 余期专项服务产品，服务近 1.5 万人（次）。圆满完成了重大活动保障，国省合力完成习近平总书记视察西藏、西藏和平解放 70 周年庆祝活动、珠峰高程测量、巅峰使命 2022 珠峰科考等重大活动的气象服务保障任务。促进军民融合发展，积极对接驻藏部队需求，制订了西藏气象部门 5 年实施计划，中国气象局安排专项工程项目建设，提升边境气象监测能力，双方业务人员同跟班同学习同培训。拉萨市局为西藏和平解放 70 周年庆祝活动提供全程精细化气象服务。林芝市局为习近平总书记考察调研林芝和川藏铁路建设等提供有力气象保障服务，常态化开展雪崩、泥石流、山洪地质灾害、森林火险等气象预警服务多次受到市领导批示。

（四）精密监测、精准预报、精细服务能力有新提升

拉萨市局建成气象监测站 105 个，山南市局建成气象监测站 187 个，实现县（区）乡（镇）全覆盖，林芝市局建成气象监测站 88 个。林芝市局搭建的“林芝市旅游气象服务平台”“短临预报平台”“林芝市地质灾害气象预警预报系统”等有效支撑了气象服务。山南市局稳步推进雅鲁藏布江中下游清洁能源专业气象服务、雅鲁藏布江流域综合开发治理气象保障服务、恶劣天气交通气象服务等。墨脱县局

积极克服人员少、汛期时间长、降雨量大、地质灾害多的多重压力，积极做好山洪地质灾害气象服务，为驻边部队提供气象服务，配合青藏高原科考任务等。

（五）人才援助与业务科研能力得到加强

2020—2021 年，中国气象局选派 8 名干部到西藏气象部门工作，西藏气象部门选派 52 人赴内地交流学习。中国气象局气象探测中心、气象干部培训学院分别围绕计量能力建设和网络教育培训体系建设，选派专业人员在藏援助 180 d；自治区气象台选派专业人员前往中央气象台学习降水客观预报系统等 180 d。江苏省局陆续派出 5 名干部到拉萨市局短期交流，提供有针对性的支援。

2020—2021 年共实施援助科技项目 20 项，其中 10 项为气象业务服务系统建设、10 项为业务技术关键问题，全部项目已建设完成。广东、云南省局在人才、资金、科技、项目上大力支持林芝市局。林芝市的短时强降水天气概念模型建立、预报指标以及林芝市强对流特征指数分析，预报业务质量准确率从 2019 年的 72％提升到现在的 82％，预警准确率保持在 90％以上。2022 年短临预警信息提前量延长到 30 min。人才和科技援藏帮助山南市局培养 10 多名业务骨干，获得 10 多项厅局级科技项目立项。

（六）资金投入和基础设施改造建设见成效

2020—2021 年，全国有 94 家气象单位向西藏自治区气象局及 7 地市和 26 个县级气象局共计投入援藏资金 2677.9 万元，主要用于业务提升和民生改善等方面。

2021 年中国气象局投入 207 万元支持山南浪卡子县局供暖供氧设施改造。完成 5 个业务项目，总投资 372 万元，另有在建项目 2 个。拉萨市墨竹工卡县局改善职工食堂，改造建成办公区域全覆盖可 24 h 供氧设施，实施人影作业标准化改造，指挥信息化平台在作业指挥调度中发挥重要作用。林芝市局实施墨脱国家气候观象台等新建项目，新建科学试验及业务用房 200 m^2，新建科研业务楼一栋共 700 m^2，配套附属设施建设等累计投入资金 992 万元。援藏工作的开展，为西藏气象事业跨越式发展和基层台站基础设施建设、生活条件改善等硬件环境建设提供了强有力的资金支持，实现了所有有人台站对口交流协调专项经费使用全覆盖。

三、存在的主要困难和不足

经实地调研和座谈了解，西藏气象部门还存在以下主要困难和不足。

一是气象预报预测能力不能满足需求。西藏气象预报预测能力不能满足保障重大活动和应对灾害性天气服务需求。预报预测产品制作、客观预报技术、实况业务、基于大数据云平台的算法和灾害风险普查数据等能力亟待提升。

二是部分基层台站基础环境亟待改善。部分台站的业务用房和食堂、值班宿舍等附属设施不能满足工作需求，如隆子县局、加查县局业务用房为平房。部分高海拔台站缺少供暖供氧等配套设施，一些县局业务保障车陈旧老化，地方编制县局普遍无业务保障车，开展气象保障十分不便。

三是基层台站干部人才队伍建设存在短板。高层次人才的引进、培养、留用较为困难，人才队伍稳定性不够。因缺编和参加地方维稳、驻村等因素，基层台站在业务服务中投入的人力不足。

四、下一步工作计划和建议

（一）加强业务援藏，促进西藏气象业务能力提升

一是加强相关业务平台的引进升级援藏。支持西藏区局引进国家气象中心配料法，发展西藏分类强对流客观预报技术，建立西藏登山专业气象保障服务平台，MICAPS4.7版二次开发库支持与应用，灾害性天气系统（高原低涡、切变线、南支槽等）影响机理和概念模型，高原多尺度数值模式产品的检验评估和解释应用技术，以及区域气候模式动力降尺度及误差订正技术。建议请预报司牵头，加强对相关业务平台的引进升级支持。二是加强实况业务方面的组团援藏。指导建立并完善西藏实况业务检验流程、制度、职责等运行机制。部署实况分析和检验评估工具，推进国家级 1 km/1 h 降水、气温、湿度、风等实况产品在西藏智能网格预报、精细化实况服务中的应用服务与本地化改进提升。指导西藏区局加强复杂地形条件下多源资料融合的技术研究。联合开展高原实况分析技术研究，提供实况分析产品、省级实况分析工具及实况分析技术培训。建议请预报司牵头，做好实况业务的技术援助工作。三是加强大数据云平台技术短期援藏。全面诊断西藏气象大数据云平台部署运行情况，指导开展算法开发接入、特色数据接入、基于气象大数据云平台的灾害风险普查数据库建设应用融入及微型天擎系统建设。建议预报司牵头，加强对大数据云平台技术的短期援藏。四是加强人影工作的指导援藏。依托西南区域人工影响天气作业能力提升，重点加强无人机人影作业的技术指导以及与兄弟省（市）人影工作的协调，推动飞机作业在西藏落实落地。建议请减灾司牵头，加强对西藏区局人影工作的指导支持。

（二）加强项目和资金援藏，提升西藏气象可持续发展水平

一是继续做好援藏资金。计财司将继续落实好对口援助和区域统筹发展资金相关政策，做好资金援助。鼓励各施援单位根据西藏发展、改革和稳定等实际需求以及自身能力额外给予资金支持。二是加大项目援助力度。支持西藏气象“十四五”重大工程建设和重点项目建设，加大对监测预报预警、重大工程气象保障、气象信息网络、基层台站基础设施等重点领域的投入。认真研究并稳步推进地方投资的气象设备、业务系统等业务运行经费和供氧、加湿、供暖等维持经费的保障机制建设。计财司将会同减灾司、预报司、观测司研究分析并推进项目援助。三是加强结对共建和文化项目援藏。加强援藏单位与西藏对口地（市）间的沟通交流与结对帮扶，加大基层台站文体设施设备投入，逐步扩大西藏气象文化和远程培训项目的建设投入，做好协调对口支援项目的研究储备工作。计财司将会同机关党委（巡视办）共同研究分析并做好援助工作。四是加大宜居性台站基础设施建设。计财司将统筹安排基层台站改善工程，推进西藏气象台站宜居环境改造。加大对台站绿化、美化、亮化、道路硬化、供电系统、供排水系统等园区综合环境的升级改造支持，认真研究统筹考虑县级台站（含地方编制县局）业务保障用车更新及购置问题。加大西藏气象台站供氧、供暖、供电、供气、加湿等方面的配套设施建设，补齐基层气象台站基础环境短板。

（三）加强干部人才援藏，提升西藏气象干部队伍素质

不断健全和完善西藏和内地干部常态化双向交流任职及评价机制。将西藏气象部门作为全国气象干部培养锻炼考察的重要基地，扎实推进干部援藏和双向交流，加强业务技术人才选派交流。完善高层次人才队伍的用人留人机制，吸引更多高层次人才到西藏交流、援藏、担任客座研究员等，支持高层次人才之间的项目合作和学术交流。进一步发挥中国气象局访问学者的平台优势，加大访问进修力度，通过面授、远程等方式举办新技术应用培训班，促进专业技术人才队伍知识更新。建议请人事司研究分析并指导西藏加强干部人才队伍建设，加强干部人才援藏，促进西藏气象干部队伍整体素质提升。

计财司将根据中国气象局领导批示意见，加强与相关职能司和西藏区局的沟通协调，及时跟进各项任务的落实情况，做好相关信息的汇总反馈，服务好领导决策，为贯彻落实中国气象局党组援藏工作决策部署、推进西藏气象事业高质量发展贡献力量。

现代农业气象服务需求调查分析与建议

陈　莉[1]　褚春燕[2]　李　帅[3]　李亚滨[1]　那荣波[4]　杨清彤[2]
王婷婷[4]　贺　琤[5]　刘　栋[1]　曹　阔[1]　娄德君[6]
闫　平[4]　刘玉娇[7]

（1. 黑龙江省气候中心；2. 佳木斯市气象局；3. 黑龙江省气象台；
4. 黑龙江省气象科学研究所；5. 黑龙江省人民政府人工降雨办公室；
6. 齐齐哈尔市气象局；7. 牡丹江市气象局）

党的十八大以来，以习近平同志为核心的党中央坚持把解决好“三农”问题作为全党工作的重中之重，全面打赢脱贫攻坚战，启动实施乡村振兴战略，推动农业农村取得历史性成就、发生历史性变革。党的二十大报告提出，全面推进乡村振兴，坚持农业农村优先发展。党的二十大决策部署为继续做好乡村振兴这篇大文章指明了方向、提供了遵循。

黑龙江省拥有耕地2.32亿亩（1亩＝1/15公顷），粮食总产稳定在1500亿斤（1斤＝500 g）以上，占全国产量11％以上，粮食总产量、商品量、调出量均居全国第一，同时该省也是气象灾害多发重发区，气象保障国家粮食安全责任重大。《气象高质量发展纲要（2022—2035年）》（国发〔2022〕11号）提出“实施气象为农服务提质增效行动”，中国气象局批复同意黑龙江省气象局开展保障粮食安全高质量气象服务体系建设全国先行试点（中气函〔2022〕107号），这都给予黑龙江省气象为农服务难得上台阶的机遇。为此，开展了农业现代化气象服务需求调查，并结合气象服务现状总结了目前现代农业气象服务存在的短板，提出了对策和建议。

一、现代农业气象服务需求调查基本情况

本次调查范围为黑龙江省三江、松嫩平原的16个主要农业生产市（县），调查对象为农民和新型农业经营主体。调查方式有深入田间地头、进村入户和各地气象局协助调查。实际调查样本总量760份，有效样本577份。调查对象中

男性占比84.2%，初中及以下文化程度占比58%，小农户占比61.9%，新型农业经营主体占比38.1%；年龄在40～60岁的调查对象占比75%；从事农业生产时间6年以上的调查对象占比达96.2%（其中21年以上占比30.8%）。

二、现代农业气象服务需求调查结果分析

（一）气象服务需求分析

农民关注气象信息的主要目的是开展农业生产（占比93.2%），其次是进行突发灾害性天气防御（占比47.3%），出行需要占比44.5%，穿衣参考占比22.5%。对于“时效多长时间的气象预报对您更有用”这个问题，农民最关注1～7 d的天气预报（占比69%），其次是12 h和3～6 h短临预报（占比分别为38%和24%），7～14 d的天气预报需求占比19%，对于月、季、年短期气候预测需求占比均在15%～20%。对于“免费为您提供一种气象服务产品，您最想要哪种”这个问题，农民的选择依次为作物专项气象预报（占比34%）、乡镇天气预报（占比27%）、农业年景分析预报（占比24%），而选择作物产量预报、病虫害预报、气象条件生产指导和气象科普的农民占比较少（占比不足5%），值得一提的是，有2%的农民选择了农产品气候品质认证。

在农民获取气象信息渠道方面，第一获取渠道由原来的电视转变为新媒体（手机APP、微信等），占比为79%；第二获取渠道为电视，选择该渠道的农民占比由2014年的88%、2018年的74%，下滑至63%；报纸最低，从2014年和2018年的8%，下降为2.1%。说明科技改变农民的生活，通过新媒体获取气象信息深得农民青睐。另外，现场调研发现农民订制气象手机短信意愿较低，而调查问卷结果却显示手机短信获取率为35%，虽然比2018年明显下降，但仍位居获取渠道的第三位，主要原因是气象部门对新型农业经营者、农村主要负责人的免费短信发布。

（二）气象服务认可度分析

99.3%的农民认为气象信息对种地非常有用和比较有用，96.1%的农民认为当前气象信息能或大部分能满足农业生产需要，97.5%的农民认为当前预报完全准确或比较准确，95.3%的农民认为灾害性天气预警完全准确或比较准确，93.9%的农民对当前气象服务完全满意或比较满意。

（三）新型农业经营主体和小农户对气象服务需求异同

新型农业经营主体和小农户获取天气预报的方式首选虽然都是手机新媒体，但新型农业经营主体采用新媒体获取气象信息的比例为85.5%，高于小农户的76.3%；4.8%的新型农业经营主体认为当前的气象信息不能满足农业生产需要，高于小农户的2%；在气象服务产品种类需求方面，新型农业经营主体对乡镇精细化天气预报的选择为34.9%，远高于小农户的24.2%；值得注意的是，新型农业经营主体对农产品气候品质评价选择为3.6%，小农户选择仅为0.5%。

三、现代农业气象服务存在的短板

经过多年的建设和发展，黑龙江省气象为农服务积累了丰富的经验。已基本建成有专班队伍、有精细指标、有支撑平台、有产品体系、有保障机制、有显著效益的“六有”智慧农业气象服务体系。全省气象部门在原有205个农业气象观测站、108个自动土壤水分站的基础上，实时共享北大荒集团16路农业监测视频和省交通部门308个实景监控数据。通过构建支撑农业气象业务服务的智能网格预报模型，实现从站点向格点转化。研发的黑龙江气象APP实现按需服务功能。但随着农业供给侧改革不断深入、农业现代化不断发展，黑龙江省为农气象服务还存在以下不足和短板。

（一）农业气象综合监测能力还有较大提升空间

当前农业气象综合监测网络建设主要集中在农业生产过程，其他链条气象监测较薄弱。全省现有84个气象观测的县（市），开展农业气象观测的只有35个；受种植结构调整等原因导致已有农作物观测点代表性变差；监测要素较为传统，缺少作物品质方面的监测，不能满足现代农业气象服务需求；农业气象监测网络对粮食生产功能区和重要农产品生产保护区监测的针对性不强，农田小气候观测设施较少，不能满足个性化生产需求；遥感卫星数据在农业气象领域应用较初步，基本不具备常规监测和快速响应的农业气象遥感观测能力；基于无人机导航飞控、作业监控等的航空气象观测网络尚属空白；在具有农业代表性和灾害易发区实景监测网络建设还需进一步完善。

（二）为农气象服务能力与农业现代化发展的要求有差距

随着农村土地流转与农业生产托管等农业规模化经营方式的深入，农机广泛应用于农业生产各环节。据统计,2021年黑龙江省农作物耕种收综合机械化率稳定在98%以上,远高于全国平均水平。农业机械化的不断发展,为黑龙江省争当农业现代化建设"排头兵"提供了重要支撑,但同时对为农气象服务提出了更高要求。目前农业机械化气象服务指标体系尚不健全,气象服务产品与农机作业有效衔接不够紧密,气象服务的时效性和精细化水平存在短板。

(三)农村气象灾害防御体系需进一步完善

由于承灾能力和防灾减灾意识等不足,农村防灾减灾力量相对薄弱。同时大量农村中青年劳动力进城,农村耕地候鸟式经营较为普遍,乡村常住人口老龄化严重,对智能手机应用能力较弱,部分存在灾害性天气预报预警接收不及时,使气象灾害防御响应能力不足突显。同时还存在农业气象灾害变化机理研究薄弱、精细化影响评估能力较弱、气候变化对农业影响研究重视程度不够等问题。

(四)特色农业气象服务精细化水平有待提高

目前为农气象服务大多聚焦主栽作物的生产环节,而对特色农业、高效农业、设施农业等服务不足,面向"一村一品"农业产业发展需求的气象服务产品较少,且精细化水平不高,特色农业气象服务指标体系需要建立,科研成果转化应用有待加强。

(五)农村风能太阳能资源开发利用需要加强

因地制宜开展农村清洁能源基本建设,提高电能在农村能源消费中的比重,是推进农业现代化结构改革创新、促进乡村振兴的重要措施。目前部分农村已经开展光伏、风能资源开发工作,但受可利用空间限制,清洁能源设施分布相对分散,且风能、太阳能精细化底数不清,风电互补的优势无法发挥,影响利用效率。

(六)农村气象科普宣传工作亟待加强

农村是气象科普的薄弱地带,农民是气象科普的薄弱人群,其薄弱之处不仅在于利用气象灾害预警信息开展自救互救的意识和能力方面,还在于对日常气象信息正确理解和合理使用方面,针对农民的气象科普宣传工作任重道远。

四、对策和建议

（一）提升农业气象观测自动化水平，强化卫星遥感等多源数据的综合应用

为更好地满足农民气象信息需求，需要面向现代农业发展需求，加快完善农业气象观测站网布局，增补自动土壤水分观测，提升农业气象观测自动化水平。同时，针对高标准农田和数字农业先导区建设需求，完善实时农业气象实景监测系统和农田小气候预测系统，加强运维管理、数据质量控制和共享应用；强化卫星遥感应用，加强大宗作物面积、气象灾害遥感识别与检验。

（二）建设农业机械化气象服务体系

调研发现，随着气候变化和农业现代化发展，传统的气象服务已在发生改变。如传统认为三江平原秋季多雨会严重影响农作物收获，实际上，由于针对涝地、倒伏等作物收割机的使用，“收获期”受气象条件影响变小。因此，须高度重视农业机械化带来的一些颠覆性认知。建议成立“农机作业专项气象服务团队”，针对农业机械服务特点，以信息共享为基础，健全农业机械化气象服务指标体系。开展“耕、种、收、植保、运”等生产环节的农机气象条件适宜性分析，建设农机作业气象适宜度动态跟踪服务系统，一方面帮助农机人员降低跨区“碰天收”的概率；另一方面为跨省农机人员提供基于气象条件适宜性的订单式服务。

（三）提升农村农业气象灾害影响预报和风险预警、发布能力

补充建设天气雷达等探测设备，加快提升精细化智能网格气象要素预报准确率和极值预报能力，发展灾害损失定量估测技术，推进气象灾害预警精细化到乡镇。进一步完善暴雨诱发的山洪、地质灾害、中小河流洪水等灾害风险预警服务业务。在全国第一次自然灾害风险普查的基础上，注重气候年代际变化，加快推进符合当前气候状态的农村气象灾害综合风险精细化区划。集中力量高质量完成黑龙江省自然灾害风险预估试点，切实提升农村气象灾害影响预报和风险预警能力。加大重要农事季节的人工影响天气作业，对灾害性天气强化动态监测和区域联防，提升增雨抗旱防雹等能力。

本次调研发现仍有部分农民选择“大喇叭”和“乡镇服务站电子显示屏”获取气象信息，尤其对于不擅长使用智能手机的老年人，这两种传播渠道更为重要。建议充分发挥政府在气象灾害防御预警信息发布的主导作用，建立逐级气象灾害防御

责任制，充分利用数字乡村建设成果，多手段并用构建预警信息发布网络，建立“农村弱势群体预警信息覆盖面”评价体系，践行“人民至上、生命至上”理念。

（四）建立特色农业气象服务体系

根据《黑龙江省乡村产业发展“十四五”规划》《黑龙江省“十四五”特色经济作物发展规划》，到2025年，黑龙江省特色经济作物总面积1200万亩以上、国家级“一村一品”示范村镇发展到100个。建议系统开展特色农业气象监测，深入开展不同生育期气象条件阈值试验研究，完善特色农业气象服务指标库，优化特色农产品气候品质评价和气候友好型低碳农产品技术方法，开发地方特色气候标志农产品。

（五）科学利用气候资源，趋利避害，做好新气候态积温带划分和农村生态文明建设气象服务保障

目前土地经营权、使用权价格大幅上涨，同时土地流转价格也水涨船高。这些得益于国家政策和科技进步，更是与热量资源增加使种植品种多样、作物产量和品质提高有关。因此建议结合城市化作用偏差订正工作，做好“新气候态下积温带”划分和推广应用。尤为重要的是，伴随气候变暖，农作物不同熟性品种已经北移东扩，然而气候变化导致的极端气候事件更是多发、重发，造成农业生产面临的气象灾害致灾风险增加，建议加强农业气候资源年度预报和农业气象灾害风险预估工作，为各级政府和农民提供有效气象信息，做到最大限度地趋利避害，以保障粮食安全和农民利益。

建议开展重点区域农村太阳能、风能资源普查，加强国家级风能太阳资源网格评估产品的本地化应用，建立风能太阳能评估、预报、服务体系。积极开展重点区域人工影响天气作业，满足农村地区生态系统保护和修复需求。加强乡村产业气候可行性论证，以“一带四区”、休闲农业示范县、中国美丽乡村为重点，挖掘气候资源禀赋，合理开发气候敏感型新业态，助力乡村经济多元化发展。

（六）气象科普重心下移，注重对新型农业经营主体的科学普及

调研发现，即使只能免费获取一种气象服务产品，仍有部分农民选择了“农业气象防灾减灾科普”，说明农民对气象防灾减灾科普的需求依然迫切。建议科普经费重心下移，宣传内容要侧重灾害天气识别和防御，还要注意科普重点与不同涉农群体的供需匹配。要注重发挥新型农业经营主体的示范作用，加强气象防灾减灾与适应技术培训。

强化预警信息发布，推动解决气象预警“最后一公里”

——中国气象局直属机关 2022 年“根在基层”福建调研团调研报告

周馥荔[1] 曾凡雷[2] 姚聃[3] 李玮[4] 宋涛[5] 王蒙[6]
霍子墨[7] 付士稳[8] 赵大鹏[1] 吴卉[9] 李金柱[10] 李雪松[11]

（1. 中国气象局公共气象服务中心；2. 中国气象局气象干部培训学院；
3. 中国气象局气象探测中心；4. 中国气象局机关党委；
5. 中国气象局离退休干部办公室；6. 国家气象中心；
7. 国家气象信息中心；8. 中国气象局地球系统数值预报中心；
9. 中国气象局气象宣传与科普中心（中国气象报社）；
10. 自然资源部地质勘查管理司；11. 应急管理部防汛抗旱司）

一、调研概况

为深入贯彻落实习近平总书记关于气象工作重要指示精神，贯彻落实《气象高质量发展纲要（2022—2035 年）》，在中国气象局减灾司的指导和帮助下，中国气象局直属机关团委组织直属机关青年并邀请自然资源部、应急管理部青年组成 2022 年“根在基层”青年调研团，于 2022 年 8 月 8—12 日赴福建省气象部门开展调研实践活动。本次调研以“强化预警信息发布，推动解决气象预警‘最后一公里’”为主题，围绕省、市、县三级预警发布信息化平台建设，提升预警精细化程度、准确率及提前量的技术手段，预警信息精准靶向发布能力建设，预警信息部门联动情况，行业及公众预警信息服务效益，党建与业务融合情况展开。调研团共赴福建省一省三市（福州、泉州、龙岩）三县（连江、安溪、晋江）十余处调研点，除地方气象局和预警信息发布中心外，还前往服务的部门和企业：福州市城区水系联排联调中心、连江县官坞海产开发有限公司、安溪云岭茶庄园开展调研，并赴古田会议召开地及晋江经验馆开展党建学习活动。

二、福建省预警信息发布工作开展情况

（一）气象预警制作更早、更准、更精

福建省构建省市县集约一体化气象预报预警业务平台，支持分钟滚动、逼近式提醒、分区预警、精确到乡镇的监测预报预警。据了解，暴雨预警信号发布提前时间平均约 33 min，制作“更早”。红色预警信号漏报极少，制作“更准”。福建省局率先在福州全市试行暴雨分区预警信号发布工作，规范实施暴雨预警信号属地化分片区、分级别、分阈值的发布机制，制作“更精”。目前福建省突发事件预警信息发布系统（简称“省突”）可以支撑福州暴雨分区预警信号实现自动化接入和个性化应用，系统性实现细化到乡（镇、街道）的预警信息发布、传播和服务能力。

（二）建成省市县一体化预警信息发布系统

建成全省集约化建设、属地化服务的福建省突，各级预警中心均使用省突服务各级政府部门突发事件预警信息、风险消息和应急处置信息的发布。据了解，省突目前已为 45 个部门 1857 家单位提供服务，预警公众覆盖率约 95%。目前，省突与气象、自然资源、地震、水利、海洋与渔业等部门的预报预警制作业务均实现“手动信息制作＋直通式自动对接”双模应用，并建立短信、传真、微信公众号、微博等服务群组，通过省突统一发布多灾种预警信息。对接通信大数据平台和应急广播部门，实现红色预警和紧急消息全媒体、直通式、“绿色通道”策略自动判别发布，缩短预警发布全流程时间，实现到村到户到人。上半年 116 条气象红色预警点对点送达基层责任人 525446 人次（平均每条服务 4530 人）。泉州市打造“预警语音到人”直通式预警服务，实现靶向区域内手机和固定电话点对点语音呼叫并确认反馈。针对老龄文盲、贫困户等弱势群体打造“气象预警语音覆盖网”，提供闽南话语音预警服务，有效解决“最后一公里”问题。

（三）推动与外部门信息共享和预警联合发布，落实以气象灾害预警为先导的应急联动机制

构建信息共享与联合发布机制，与自然资源、水利、农业农村部门联合发布“地质灾害”“山洪灾害”和农业生产气象风险预警。与省考试院、省公安交警总

队联合滚动发布高考考点交通出行影响气象预报。气象预警融入福州城市道路交通安全和福州地铁指挥系统。打造“1262”气象预警联动机制，气象预警无缝衔接政府部门“三个提前”防灾减灾救灾机制，开展全流程递进式气象服务。完善面向当地党委、政府负责人的“叫应”标准和服务流程，及时更新各级防汛抗旱责任人的接收方式。

三、主要问题

（一）预警制作标准规范还需进一步明确

当前，福建省级预警标准化文件仍在进一步修订中，市级气象部门发布的预警有所差异，预警信息提法尚未完全统一。调研了解到，有的市级台站将预警等级称为暴雨Ⅰ级预警，有的将其称为暴雨红色预警（Ⅰ级），有的预警等级材料中还会出现发布警报的说法。

（二）基层预警中心机构队伍建设发展不平衡

由于地区发展不平衡，部分基层预警中心机构队伍建设尚不健全，对于预警发布复核岗专人专岗的要求难以真正落实，一般采用气象台预报员一人多岗、兼职或轮流值班的方式，角色和定位不清，预警发布的综合管理、部门协调、日常维护等工作开展困难。

（三）海区“最后一公里”问题距离解决尚有差距

目前，福建省缺乏权威官方的针对远洋渔民、海上航运的气象预警精细化服务产品，缺乏可利用的、面向海洋的预警信息发布渠道，精准发布服务能力更是严重滞后。据渔民反馈，由于海上通信信号受限，目前通过微信等媒介难以及时获取权威气象预警信息，仅偶尔通过搜寻台湾省电台获取相关天气信息指导。

（四）技术应用落实不足，发布时效和精准性尚不够

目前，福建省局虽已在积极推进预警短信精准靶向发布试点工作，建立绿色通道机制、拓宽红色预警信号和紧急预警信号的快速靶向发布渠道，但部分欠发达的市县仍然存在新技术应用落实不足的情况，大部分市县只依赖传统的短信渠道，从而造成红色预警信号发布的严重滞后。通过对80位基层人员的问卷调查发现，仍有约8%的基层行业用户在灾害发生过程中或发生后才看到预警信息。

（五）预警信息对于分行业的精细服务需求支撑较弱

福建省各市县局依托当地特色产业，积极开展“气象＋”赋能工作，目前连江海产养殖、安溪茶叶、龙岩烟叶、晋江体育在气象服务的保障下成效显著。然而通过问卷调查发现，预警信息服务行业的能力尚未得到充分发挥，“趋利避害”中的“避害”能力还有待进一步提升，受访者建议“提高服务提示的针对性”，其中渔民建议“增强海上预警发布服务能力”，农户建议“增加对农业生产方面的意见建议，多指导农户防灾减灾”。

（六）预警制作与发布业务缺乏有效衔接，部门内的复盘反馈促进作用尚未得到充分发挥

当前预警制作和预警发布单位虽已大部分实现系统间的自动对接或形成一套预警录入发布机制，但各单位间的业务流程依然相对独立，缺少足够的业务往来。预警发布单位针对发布效果的反馈能力较弱，无法得到各渠道细致的反馈信息，尚未形成可以业务化的效益评估能力，从而无法充分发挥对上游预警制作能力的需求引领作用。

（七）以气象预警为先导的应急联动机制尚不健全，“消息树”“发令枪”的效益尚未完全发挥

在福建，具体表现为基层气象部门对“1262”预警联动机制的落实还不够到位，落实的程度也存在明显的地区差异。尤其是面向当地党委、政府负责人及相关部门责任人的红色预警信号叫应机制有待进一步明确，部分基层气象部门与地方防汛指挥部的职责分工划分尚不明确，叫应中可能出现双方都管或都不管的情况。

四、对策及建议

一是进一步推动预警制作业务标准化规范化。建议在国家级的指导下，由省级气象局出台针对本地预警和预警信号发布的标准化规范化文件。进一步明确预警、预警信号和警报的提法，让决策者、涉灾部门应急责任人、基层责任人、企事业单位安全责任人、社会公众都看得懂、用得上。明确各类预警信号的发布主体、渠道、内容，避免多头重复发布。

二是加强国家级顶层设计能力。依托国家突发事件预警信息发布能力提升

工程，以平台建设为根本、科技创新为驱动、国省联动为助力，打造智能化、自动化、集约化国家突发事件预警信息发布系统。首先，尽可能实现预警信息发布业务的自动化运行、智能化监控告警，减轻基层业务人员值班压力，提升预警发布准确率。其次，福建省作为国突建设第三种模式的试点省份，应充分利用其预警精准发布属地化特色，立足集约高效共享共用的预警信息发布和服务平台，实现国省市县乃至乡的个性化精准发布应用。再次，加强国省沟通机制，充分利用新媒体手段，多形式开展培训并强化培训效果，采取国省市县共同发展的方式，同织预警发布“一张网”。

三是应用新技术实现预警信息全媒体渠道靶向精准发布，避免“大水漫灌”。首先，推动建设高级别预警信息互联网绿色通道，应用5G、小区广播等技术，实现基于位置的紧急预警信息精准靶向发布。然后，强化社区广播、村村响大喇叭、显示屏等传统方式，确保预警信息到村到户到人。再次，建议全国推广泉州市“预警语音到人”直通式预警信息服务模式经验，尤其是针对老龄文盲、贫困户等弱势群体打造的“气象预警语音覆盖网”。最后，建立面向海洋的预警发布示范点，拓宽面向远洋渔民、海上航运的预警发布渠道，加强气象预警服务。充分利用应急广播发布近海气象预报预警信息，利用北斗卫星发布远洋气象预报预警信息。

四是推动发展“预警＋行业”精细化服务。针对各市县优势产业，积极推进行业风险预警产品研发，并实现基于风险预警发布内容、受影响范围自动匹配发布的能力。利用预警历史数据，针对行业特点综合分析研判灾害及风险点，为行业用户提供决策参考。同时，结合实况、预报、行业高影响因素、使用场景等条件形成行业专业化预警快速发布服务，保障各行业用户生产安全。

五是建立健全综合复盘制度。以气象预报预警技术服务检验、预警信息发布流程规范评估、减灾联动社会经济效益评价为闭环建立综合复盘制度，围绕强化气象预警制作发布工作，规范预警和预警信号制作业务布局，综合利用双偏振和相控阵等新型天气雷达技术、多尺度无缝隙快速更新循环同化和数值预报技术、人工智能气象应用技术等新技术新方法，不断提升预警信息制作水平。共同推进建立数值预报国省统筹研发工作机制，结合各省市县研发特色，统筹开展区域天气模式研发，实现联合研发工作机制，提高预警信号准确率和提前量，提高制作业务技术水平。

六是推动完善预警与应急响应联动机制建设。首先，推动落实县级气象部门高级别预警叫应制度建设。建议县级气象部门与当地应急管理部门以文件的方式明确气象部门在面向“乡镇（街道）党政主要负责人、村（社区）防汛责任人”

的预警叫应服务中承担的具体职责、服务的具体流程以及叫应的具体对象、标准、方式和内容等。其次，共同推进气象灾害防御知识科普宣传和教育培训，不断提升基层干部暴雨洪水灾害防范应对能力和群众的自救互救技能。

七是与相关部门深化灾害气象风险预警技术攻关。首先，与自然资源部、应急管理部等部门继续推动基层防灾减灾示范区建设，联合开展灾害预警新技术和新产品的本地化应用，及时总结试点经验和成果，加大推广应用。其次，与应急管理、自然资源、水利、农业农村等相关部门联合申报科研项目，针对山洪、地质灾害等风险预警关键领域和薄弱环节开展联合攻关，建立灾害案例库，优化风险预警阈值，持续提升预警精准度和时效性。进一步完善气象灾害风险预警业务规范，制定国家标准，构建技术标准规范体系。

深化气象"大综合一体化"行政执法改革调研报告

杨咏钢

（浙江省湖州市气象局）

按照上级和湖州市气象局党组工作安排，由杨咏钢局长牵头，相关职能处室、直属单位和各县局同志参加，组成专题调研组，就湖州市气象"大综合一体化"行政执法改革情况进行了专题调研。

一、调研背景

"大综合一体化"行政执法改革是习近平总书记亲自审定、批示同意的一项重大改革任务。2022 年 1 月，中央批复同意浙江省为全国唯一的"大综合一体化"行政执法改革国家试点。3 月 1 日，省委、省政府召开了全省推进大会，袁家军书记作了重要讲话，强调要把"大综合一体化"行政执法改革作为 2022 年重大改革项目，对标落实中央试点工作方案，加快取得更为明显的突破性进展、实质性成果。省气象局于 2021 年 4 月同意湖州局开展融入"大综合一体化"行政执法改革试点。湖州地方党委、政府于 2022 年 3 月 17 日，召开全市"大综合一体化"行政执法改革部署会，要求不断取得行政执法改革的新成果，开辟市域治理体系和治理能力现代化新境界。

二、工作现状

为深入贯彻落实习近平总书记关于行政执法改革工作重要指示精神，以及省委、省政府关于深化综合行政执法改革的实施意见，湖州市局按照《浙江省气象局 2021 年全面深化气象改革工作要点》（浙气发〔2021〕24 号）明确的改革试点任务，对基层气象综合行政执法的体制机制、方式流程进行全方位、系统性重塑，通过"六个一"能力建设、建立三项机制、制订三张清单等举措，全面推进气象行政执法改革工作，确保"协同更加高效、监管更加有力"，实现"湖州试点、全省共享”。2022年以来，气象行政处罚事项覆盖3个领域6个事项15个案件，监管和执法成效明显提升。

（一）开展“六个一”能力建设，推深做实改革

一是配齐“一支队伍”。明确市级专兼职监管人员4人，县级专兼职监管人员2人，开展专题培训，熟悉执法改革要求，队伍建设进一步强化。二是健全“一套机制”。按照闭环管理、分段处置、“各靠前一步”的要求，健全联合执法、定期会商等一系列气象行政执法协作机制。三是融入“一个平台”。作为首批部门试点“大综合一体化”执法监管数字应用，实现“一网统管、一体联动、一键到底”。四是建立“一件事情”。率先开展“综合查一次”，湖州局联合综合执法、市场监管部门建立气球升放“监管一件事”，长兴局联合文旅部门建立景区监管“监管一件事”，并制订“综合查一次”执法检查任务清单。五是组织“一场比拼”。在全市气象部门组织开展执法履职比拼活动，纳入年度考核，多措并举提高案件数量和提升事项覆盖率。信息共享、业务指导、监管一件事等多项考核指标位列全市部门前列。六是开展“一组培训”。强化与综合执法部门的配合协作，编制升放气球、防雷等高频事项教科书指引2部以及培训视频、PPT指引2部，开展多层次、多形式的指导培训，加强业务指导保障，业务支撑更加坚实。

（二）建立三项机制，深化部门合作

一是加强信息资源共享机制。与划转职权相关的法律、法规、规章和自由裁量权等各类管理文件及时转送综合执法部门并对重点条款做好解读工作。二是提供专业技术支持机制。建立首案共查机制，开展联合执法，现场解读专业知识。根据综合执法部门需求，参与重点案件现场分析研判，多渠道、多方式提升综合执法人员执法水平。三是完善案件移送机制。建立科学高效的案件移送机制，厘清职责边界，气象部门负责提供技术支撑和协助调查取证；综合执法部门负责现场勘验、责令整改、调查笔录等其他后续工作。

（三）制订三张清单，保障执法有“度”

一是重点监管清单彰显执法力度。梳理防雷和升放气球领域16项严格监管事项清单，突出必查、专项、高频属性，从严处罚违法行为。2022年以来，防雷和升放气球领域相关违法案件查处13起。二是柔性执法清单传递执法温度。积极推行“温暖”“柔性”执法，梳理形成8项“轻微违法首错不罚”柔性执法清单，明确“不予处罚”情形，对轻微问题适度宽容、首违免罚、免入征信，实现精准执

法、柔性执法。2022年以来，累计办理相关案件2件。三是自由裁量清单规范执法尺度。认真贯彻执行《浙江省气象行政处罚自由裁量权指导标准（2021年修订）》，及时转送综合行政执法部门。气象、综合行政执法部门联合召开案件分析会，准确把握监管执法尺度。

三、取得成效

（一）监管能力有效提升

市县气象部门在日常监管中，存在执法人员法律知识短缺、执法流程不熟、办案经验不足等问题。通过开展联合执法，两部门优势互补，成功破解“执法难、法难执、难执法”难题，执法人员水平得到进一步提高，社会监管能力得到进一步加强。

（二）办案领域明显拓展

办案领域由原先单一的升放气球领域拓展到2022年的防雷安全、探测环境保护等领域，多个案件为全省首例，具有一定的示范引领作用。

（三）办案量质同步提升

2020—2021年共查处9起案件，2022年已查处15起案件，处罚金额共计12.27万元，案件数量大幅增长，同时办案程序更加规范、流程更加高效，所有案件均未出现行政复议、行政诉讼等情况。

（四）区域执法全面覆盖

通过对接协调，由市综合执法局直属大队负责未设气象机构的区域气象行政执法工作，实现跨区域、跨层级执法。2022年全市各县区均开展案件查办，实现气象行政执法区域全覆盖。

（五）主体行为更加规范

通过联合执法和案件查处，气象法治深入人心，升放气球、防雷安全、探测环境保护等领域的主体行为更加规范，部门齐抓共管工作格局逐步形成。

四、存在问题

尽管湖州市局“大综合一体化”气象行政执法改革工作已取得阶段性成效，

但仍存在覆盖领域不够全面、数字赋能不够突出、业务培训不够丰富等问题。

（一）覆盖领域不够全面

在近两年的行政处罚中，办案领域主要集中在升放气球、防雷安全和探测环境保护3个领域6个事项，仍有不少“沉睡”事项待“唤醒”，存在低频事项零办案被退回的风险。

（二）数字赋能不够突出

“大综合一体化”行政执法改革过程中，行政执法数字化应用明显不足。一是协同指挥不够高效，法律法规、违法线索、案件查办等均通过线下流转。二是数据多跨协同有待加强，日常监管检查数据暂未与“大综合一体化”执法监管数字应用打通。

（三）业务培训不够丰富

行政处罚事项划转后，两部门间建立了培训机制，编制了气象执法指导教材、制作了应用场景微视频和线上培训视频，局限于培训规模、培训方式等因素，仍然存在培训覆盖面不够广泛、内容不够丰富、供给不足、针对性不强等问题，难以满足市、县、乡镇各层级综合行政执法人员对气象行政执法培训的需求。

（四）工作推进不够平衡

自2020年“大综合一体化”行政执法改革开展以来，各县区气象行政执法实现全覆盖，但仍然存在县区工作推进不够平衡的问题。例如，长兴局通过气象协理员与综合行政执法队联合巡查，提供违法线索，共查办案件14起，占全省案件总数的31%；部分县区只查办了1～2起，工作推进较慢，抓落实力度不够。

五、对策建议

（一）做好剩余处罚事项对接，实现统一划转

在省气象局的统筹部署下，与地方综合执法指导办做好对接，做好剩余4项行政处罚事项的划转工作，实现35个气象行政处罚事项统一划转。

（二）拓宽行政处罚覆盖领域，唤醒“沉睡”事项

聚焦事项激活，在已覆盖升放气球、防雷安全和探测环境保护等领域的基础

上，向气象信息管理、气象资料管理等领域拓展，提高气象行政处罚事项覆盖率。

（三）加强执法监管平台应用，突出数字赋能

严格落实综合行政执法改革部署，全面应用浙江省"大综合一体化"执法监管数字应用，构建气象监管执法"数字大脑"，实现执法线上全流程闭环、全要素画像，提升执法效能。

（四）拓宽行政执法业务培训，强化技术支撑

丰富培训内容、拓展培训方式，增强培训内容的针对性，通过首案现场教学、座谈研讨、案情分析会等方式，指导基层综合行政执法人员熟悉相关业务和法规政策标准。

（五）深化基层综合执法改革，推进乡镇赋权

推进基层"条抓块统"，深化气象条线乡镇综合执法改革，气象行政处罚事项赋权乡镇街道，构建综合行政执法上下贯通、属地管理的闭环，切实做到"下得去、管得好"。

“全灾种 大应急”体系下发挥气象防灾减灾第一道防线作用的调研报告

胡 雯 胡五九 周晓飞

（安徽省气象局）

党的十八大以来，习近平总书记始终高度重视防灾减灾救灾工作。2016年7月，总书记在唐山考察时强调，要总结经验，进一步增强忧患意识、责任意识，坚持以防为主、防抗救结合，坚持常态减灾和非常态减灾相统一，努力实现从注重灾后救助向注重灾前预防转变，从应对单一灾种向综合减灾转变，从减少灾害损失向减轻灾害风险转变，全面提升全社会抵御自然灾害的综合防范能力。2019年，习近平总书记在新中国气象事业70周年之际，对气象工作作出重要指示，要求发挥气象防灾减灾第一道防线作用，努力为实现“两个一百年”奋斗目标、实现中华民族伟大复兴的中国梦作出新的更大贡献。

调研组通过政策分析、实地走访、座谈研讨及查阅资料文献等多种方式开展广泛调研，系统梳理应急管理体系建设现状以及安徽气象防灾减灾第一道防线建设情况，全面分析“全灾种 大应急”体系对气象服务的新需求，在此基础上提出相关对策建议。

一、调研情况

（一）政策调研

深入学习贯彻党的二十大精神，认真学习习近平总书记关于防灾减灾救灾的重要论述，研读“十四五”国家应急体系规划、国家突发公共事件总体应急预案等，分析地方党委政府、应急管理部门的工作举措。

（二）实地调研

2022年7月，调研组赴安徽省肥东县走访调研，深入了解“全灾种 大应急”体系下，基层应急管理体系建设规划情况、应急管理工作现状、气象防灾减灾第一道防线作用发挥情况和基层应急管理对气象工作的需求。11月上旬，组织省应急管理厅、交通运输厅、农业农村厅等单位座谈研讨，重点讨论了应急管理工作及重点行业防灾减灾对气象服务需求、气象防灾减灾机制建设等。此外，调研组成员还先后深入铜陵、蚌埠、五河等市县调研应急管理体系建设及气象服务情况。

（三）资料文献调研

收集、学习有关应急管理体系发展及综合防灾减灾等方面的文献资料，加深对综合应急管理、气象防灾减灾第一道防线内涵的理解，梳理气象防灾减灾第一道防线建设成果和效益，分析存在的问题和不足。

二、安徽应急管理体系建设现状

（一）应急管理机构改革基本完成

目前，安徽省、市、县三级应急管理部门已全面组建，整合8个部门13项职责，承接安全生产委员会、防汛抗旱指挥部、减灾救灾委员会、森林草原防灭火指挥部、抗震救灾指挥部等5个议事协调机构办公室职责。"防"与"救"的职责边界基本划清，会商研判、应急指挥、抢险救援、医疗救护、灾后重建、军地联动等机制逐步健全，基本实现了对事前预防准备、事发监测预警、事中应急救援、事后恢复重建的全面管理。

（二）应急管理预案体系不断健全

从国家层面看，出台以《国家突发公共事件总体应急预案》为总纲，国务院专项预案、国务院部门预案、31个省区市总体预案以及企事业单位应急预案和重大活动应急预案等6个部分组成的应急预案体系。具体到安徽省，修订印发《安徽省突发事件总体应急预案》，组织修订专项应急预案18个，常态化举办综合应急演练。积极推进长三角一体化应急管理协同发展，建立应急联动协调8项机制，区域协作互助、优势互补、信息互通、资源共享能力进一步提升。

（三）基层基础保障能力明显加强

安徽省深入推进基层自然灾害风险网格化管理，省、市、县三级应急广播体系初步建成，发展灾害信息员2万余人。获批全国"智慧应急"试点，合肥市在全国率先实施城市生命线安全工程。高速公路、地质灾害、防汛抗旱、煤矿、林业等监测预警系统基本建成，累计创建全国综合减灾示范社区540个、全省综合减灾示范社区862个。

（四）综合防灾减灾救灾成效显现

自然灾害防治九大重点工程全面实施，精准高效防治各类自然灾害，成功应对2016年和2020年严重洪涝灾害、2018年严重雪灾、2019年“利奇马”台风和伏秋冬连旱等灾害。习近平总书记考察安徽时用“四个没有”充分肯定安徽省2020年防汛救灾工作，即没有发生重大人员伤亡事件，重要堤防没有出现损毁，国家重要基础设施没有受到冲击，经济社会发展重点工作没有受到影响。“十三五”期间，年均因自然灾害直接经济损失占地区生产总值的比例为0.94%，年均每百万人口因自然灾害死亡率为0.33，低于1.3%、1.3的规划目标。

三、气象防灾减灾第一道防线建设情况

安徽省气象部门坚持“人民至上、生命至上”，落实“早、准、快、广、实”要求，将气象监测预报预警信息快速转化为各级政府和社会公众的防灾减灾行动力，气象防灾减灾第一道防线作用充分发挥。

（一）突出“早”，气象在应急管理中的基础性先导性作用凸显

实施气象预警业务体制改革试点，强对流天气预警提前量已达41 min。研发具有安徽特色的气候监测指标模型，建立了气象要素、重要天气过程、主要气候事件和气象灾害的延伸期（11～30 d）到月季年无缝隙气候预测业务。创建了具有全国示范作用的气象灾害风险评估业务体系，气象预报逐步从传统的天气气候预报预测向气象灾害风险预警延伸拓展。以全国第一次自然灾害综合风险普查为契机，建立具有安徽特色的气象灾害综合风险普查技术体系，创建气候监测→预测→风险预估业务链条，实现气候监测由单指标向综合评估转变，风险预估由影响评估向风险预估延伸，提升监测评估的科学性，增强气象灾害风险预警服务的有效性。

（二）聚焦“准”，气象监测预报预警为应急管理提供科学支撑

建成2816个地面气象观测站、13部新一代天气雷达、7个闪电定位观测站、22个农业气象观测站、85个土壤水分观测站和近200套农田小气候仪；建成5部风廓线雷达、5部激光雷达、2部微波辐射计等新型垂直大气探测装备以及风

云3号和风云4号卫星直收站，气象灾害监测站网日趋完善，气象预报实现了从站点、落区到格点、数字的跨越，预报预警质量稳步提升，降水预测、温度预测技术分获全国竞赛单项第一、第二名，强对流预报技术获全国竞赛单项第二名，24 h智能网格预报、月降水、气温预测、汛期降水预测评分均高于国家级指导预报，暴雨预警准确率90.5%。

（三）强化"快"，气象预警信息为应急管理赢得先机主动

建成多部门互联互通、共享共用的省突发事件预警信息发布系统和省、市、县三级终端发布矩阵，具备4大类、16个行业、22个部门、70余种预警信息发布功能，通过对接的12379短信、网站、微信、微博、应急广播等渠道，可实现3～5 min及时把预警信息传播到各级应急责任人与社会公众。

（四）注重"广"，气象预警信息逐步实现进村入户到人

安徽省气象部门联合广电部门开展气象灾害预警应急广播播发工作，完成各级气象灾害预警发布策略制定和配置，在全国率先实现村级全覆盖，有效群体超过6000万人，覆盖面超过95%。省气象、通信管理、应急部门及三大运营商联合推动突发事件预警信息短消息平台建设，利用基于基站的电子围栏技术构建预警信息精准靶向发布能力，实现针对受气象灾害预警影响区域群众点对点发布预警信息。

（五）坚持"实"，气象防灾减灾第一道防线效益显著

近年来，安徽省成功防范应对2020年超长梅雨期、2021年超强台风"烟花"、2022年罕见高温干旱等极端天气，未出现重大人员伤亡，经济财产损失也远远低于同类天气情况下的损失。2020年超长梅雨期与25年来（1996—2020年）全省同期洪涝灾害相比，因灾死亡人口、因灾倒塌损坏房屋等指标分别下降39%、23%；2022年面对罕见高温干旱，安徽省气象部门做到提前预警，相关部门做到快速响应联动，保障了粮食丰产和城乡供水安全。

四、"全灾种 大应急"体系建设对气象服务需求分析

（一）推动公共安全治理模式向事前预防转型，迫切要求强化气象灾害风险防控体系建设

要做到事前预防，就要了解其发展方向和路径、潜在风险及影响。气象灾害

作为最为常见、影响范围最广、造成损失最为严重的自然灾害，在全球气候变化背景下极端气象灾害多发频发，迫切需要建立气象灾害风险管理数据库，编制分灾种气象灾害风险区划图，形成气象灾害风险地图，规避城市规划和建设、重大项目和重大工程建设以及安全生产中存在的气象风险，充分发挥气象风险管理在公共安全治理中的支撑作用。

（二）提高防灾减灾救灾和重大突发公共事件处置保障能力，迫切要求更加精准有效的气象服务

适应全灾种、大应急组织管理体系发展需要，提高防灾减灾救灾和急难险重突发公共事件处置保障能力，不仅是提高公共安全治理水平的新要求，更是对气象服务更加精准有效的新挑战。完善自然灾害、事故灾难、公共卫生事件等应急处置气象保障服务流程；与应急管理等部门协调联动，提供数字化、智能化、个性化的各类场景气象服务产品，构建气象服务与相关部门行业深度融合的气象服务新业态。

（三）应急管理体系改革的持续推进，迫切要求健全气象防灾减灾工作机制

健全“党委领导、政府主导、部门联动、社会参与”的气象防灾减灾体制机制，加强部门间规划统筹，强化气象监测预报预警、应急指挥、舆情应对的部门间联动协同，构建与综合防灾减灾救灾相适应的气象防灾减灾组织体系。建立完善气象防灾减灾全社会动员参与机制，明确企业、社会组织和社会公众的气象防灾减灾作用与责任，鼓励支持、规范引导社会力量参与气象防灾减灾，提高全社会气象防灾减灾能力。

（四）发展科学应急、智慧应急，迫切要求加快推进气象服务数字化智能化发展

《“十四五”国家应急体系规划》明确提出：“升级气象核心业务支撑高性能计算机资源池，搭建气象数据平台和大数据智能应用处理系统。”通过开展气象业务数字化转型工作，有效促进气象业务与应急决策应用场景的深度融合，打破部门间的信息孤岛。以“科学应急”“智慧应急”需求为导向，围绕数据共享、流程再造、业务协同、服务精细等关键领域，提高气象业务数字化、智能化发展水平，为应急体系建设提供坚强的气象服务保障。

五、对策与建议

（一）厘清气象部门职责，完善长效运行机制

要依据《中华人民共和国气象法》《气象灾害防御条例》以及中国气象局、当地党委政府的文件要求，结合部门合作协议、相关议事机构中要求的部门职责，梳理当地气象部门在防灾减灾体系中的责任清单，做到依法依规履职。在梳理建立责任清单的同时，争取将其纳入各级政府公共服务目录或清单，加快建立保障基本公共气象服务体系有效运行的长效机制。

（二）强化气象灾害风险防范，充分发挥灾害风险管理支撑作用

建立健全包括网格化管理、标准化建设、数字化控制等在内的气象灾害风险防控体系，开展气象灾害影响预报和风险预警，以及在气候变化背景下极端灾害天气多发性及其影响异常性的风险分析和评估。充分运用自然灾害综合风险普查成果，联合相关部门分类建立气象风险预警阈值，提高气象灾害风险预报预警能力。开展气象灾害风险预警、气象灾害调查、气象灾害风险区划、气象灾害风险转移等技术标准体系研究，提升气象灾害风险防范管理能力。

（三）强化预警精准靶向发布，充分发挥气象灾害预警先导作用

因地制宜制定和完善预警信息分类分级别发布策略，减少“大水漫灌”。充分利用应急广播和手机短信覆盖面广、传播速度快等优势，开展面向特定地区和人群的重大气象灾害预警信息精准靶向推送，实现基于位置的精准高效发布。通过政务服务平台（如“皖事通”）和市、县政府门户网站实现气象灾害预报预警信息的实时发布。要建立健全基层重大气象灾害“叫应”服务标准和工作流程，明确开展“叫应”的气象灾害种类、预警级别、叫应对象等，切实减轻气象灾害造成的损失。

（四）坚持以用户为中心，着力提高气象服务适配性和融入度

深度挖掘各级党委政府、行业领域和社会公众的气象服务需求，分类制订气象保障服务行动计划。推进气象服务数字化转型，构建气象服务数据中台、气象服务算法中台、气象服务业务中台，基于中台打造面向决策、面向城市生命线、面向公众的数字化气象应用服务场景。与相关部门协调联动，将基于影响预报的

数字化气象服务产品嵌入各行业部门的应急指挥平台、管控调度系统，提升风险研判、应急处置综合效能，构建气象服务与相关部门行业深度融合的气象服务新业态。

（五）坚持部门合作，提升基层重大气象灾害应对合力

基层尤其是广大农村地区基础设施比较薄弱，做好气象防灾减灾工作尤为重要。要加强与应急管理、自然资源等部门的沟通合作，持续推动气象信息员与社区网格员、灾害信息员、地质灾害群测群防员等共享共用，采用“多员合一”的方式，明确基层重大气象灾害预警信息接收和传播责任人。持续推进基层气象防灾减灾标准化建设，实现“一本账”心中有数、“一张图”清晰明了、“一张网”信息畅通、“一把尺”规范有序、“一队伍”统筹合力、“一平台”强力支撑，不断提升基层气象防灾减灾能力。

关于粤港澳大湾区人才中心与科技创新高地建设的调研报告

庄旭东　谭浩波　杨奕波　郭　鹏

（广东省气象局）

气象事业是党的事业、人民的事业。2022年7月中国气象局印发《气象人才发展规划（2022—2035年）》（气发〔2022〕81号），8月9日中共中国气象局党组印发《关于加强和改进新时代气象人才工作的实施意见》（中气党发〔2022〕124号），两个重要文件相继出台，为广东省气象局学习贯彻好习近平总书记关于做好新时代人才工作的重要思想和对气象工作的重要指示精神、推进气象事业高质量发展、建设气象强国、着力加强新时代气象人才建设指明了方向、提供了遵循、注入了强大信心和动力。气象事业的发展归根到底在于科技创新水平与人才队伍建设，目前粤港澳大湾区气象科技创新平台与创新人才逐步聚集，如何进一步促进粤港澳大湾区人才与科技的聚集以及融合发展，是广东省气象局党组一直以来高度关注重视的问题。为贯彻落实好党的十九届六中全会精神，奋力推动"十四五"气象事业高质量发展，加快推进气象防灾减灾第一道防线先行示范省建设，更好地探索建立多方优势互补、创新机制协同的气象人才中心与科技创新高地，省局党组书记、局长庄旭东同志牵头组织设定本调研专题、审定调研计划、安排调研任务，开展了调研。

一、调研开展的基本情况

本专题调研由庄旭东、谭浩波同志牵头，人事处、预报处负责。调研组坚持问题导向，在热带所、广州市局、深圳市局、珠海市局等9个粤港澳大湾区地市级气象局召开座谈会，面对面听取意见和建议，采取多种方式开展调查研究，力求扩大调查研究的范围和覆盖面，力求听到来自基层和各方面的声音，力求在调研中发现和找准人才方面的突出问题。

调研组深入实际、突出重点、点面结合，采取多种方式开展调研：一是开展粤港澳大湾区各市气象部门总体情况摸查。通过书面调查形式，下发调查通知和发放调查表，摸清粤港澳大湾区气象人才基本情况、管理现状、人才政策、存在问题及意见等，了解掌握气象部门人才的基本现状。二是深入基层实地调查。省局领导和人事处、预报处及相关处室指导、调研粤港澳大湾区地市局人才建设和科技创新的实际情况，找准问题，剖析原因，研究破解难题的实招、硬招。三是广泛征求意见。通过专题座谈会、调查表、意见箱等多种方式征求基层领导班子、人事、纪检、财务及地方机构主要负责人意见。调研组通过对各方面意见和建议进行认真梳理、汇总、分析，发现了一些带有普遍性的问题。调研组深入查找了存在问题的原因，提出了初步解决问题的思路与措施。

二、粤港澳大湾区人才队伍现状及分析

目前，粤港澳大湾区气象人才队伍由省局机关、8 个国家直属事业单位、9 个市局、29 个县局以及 19 个地方机构事业编制组成，构成了粤港澳大湾区人才队伍的整体情况，各自发挥不可或缺的作用。

（一）人才队伍总量

截至 2022 年第三季度，广东省大湾区气象部门（不含深圳、珠海）共有在职干部职工 1586 人，其中国家编制 1022 人，地方编制 564 人。男、女职工分别占 59.8%、40.2%。省级 565 人，地市级 546 人，县级 475 人。

（二）年龄结构

35 岁（含）以下职工占 36.1%，36～40 岁职工占 18.8%，41～45 岁职工占 18.0%，46～50 岁职工占 9.8%，51～55 岁职工占 8.6%，56 岁（含）以上职工占 8.6%。

（三）学历结构

研究生学历的有 468 人，其中省级 282 人、地市级 153 人、县级 33 人；大学本科学历的有 1034 人，其中省级 257 人、地市级 376 人、县级 401 人；专科及以下 84 人，其中省级 26 人、地市级 17 人、县级 41 人。具有博士学位的 73 人，其中省级 59 人、地市级 14 人。

（四）专业结构

大气科学相关专业的有 883 人，占 55.67%；地球科学相关专业的有 80 人，

占5.04%；信息技术相关专业的有262人，占16.52%；其他专业有361人，占22.76%。

（五）职称结构

正高级职称35人，其中省级25人、地市级10人；副高级职称361人，其中省级174人、地市级142人、县级45人；中级职称568人，其中省级158人、地市级231人、县级179人；初级职称375人，其中省级78人、地市级116人、县级181人；其他人员169人，其中省级52人、地市级47人、县级70人。

三、粤港澳大湾区科技创新情况

（一）科技创新投入能力

党的十八大以来，各类科研项目经费投入约3.7亿元，地方省科技创新重大工程项目支持3.5亿元；依托广东省"珠江人才计划"创新团队引进海内外高端专家5名，团队获得5年1500万元支持；依托科技部高端外国专家引进计划获得支持600万元。

（二）科技创新协同能力

创建中国气象局/广东省区域数值天气预报重点实验室和中国气象局龙卷风重点开放实验室，4个野外科学试验基地，1个国家大气本底站——韶关新丰大气本底站，2个国家气候观象台（深圳、电白）。

打造粤港澳大湾区气象监测预警预报中心（深圳气象创新研究院）、珠澳气象创新与应用研究中心、广州粤港澳大湾区气象智能装备研究中心、中山气象研究与应用创新中心、江门市季风强降水预报技术创新中心等创新型气象科研机构。

中国气象局特聘专家1人，中国局气象高层次科技创新人才计划12人：其中，全国气象科技领军人才3人，中国气象局首席专家5人，青年气象英才4人。

（三）科技创新产出能力

党的十八大以来，广东省气象部门承担和参与了120项国家级科研项目、195项省部级科研项目；发表科技论文2848篇（268篇被SCI/EI收录），获得283项软件著作权、69项国家专利，提交科技成果登记891项（国家科技成果登记579项),出版著作10部;荣获国家科技进步奖1个、省科技进步奖9个。其中,粤港澳大湾区气象监测预警预报中心在纵向项目上,承担国省市及行业内纵向科研项目20项;横向项目上,承担科研项目16项;经营性项目上,对外开展技术服务,承接各区气象服务项目6项,发表SCI论文28篇,关于台风对亚洲内陆地区影响的评估被国内外近20家媒体报道,成为近期Frontiers最受欢迎的前5%文章。

四、主要问题

经过调研分析,粤港澳大湾区气象人才队伍和科技创新建设问题主要集中在人才结构、科技创新与人才发展环境、人才培养与科技创新投入等方面。

(一)领军人才缺乏与正高级岗位不足

党的十八大以来,广东省人才工作取得了长足发展,人才队伍建设成绩显著,但与建立粤港澳大湾区人才中心和科技创新高地的需求相比还有较大的差距,一方面是高层次创新型人才匮乏,国际知名的领军型人才缺乏;另一方面正高级职称及以上人才占人才队伍总量的比例仍不够高,45岁以下正高级职称比例比较低,高层次人才年龄梯度不合理,入选中国局领军人才2人都在55岁以上,专业技术二级岗位基本都在50岁以上,正高级工程师平均年龄超过45岁以上,高层次人才出现“断层”现象,未来3年即将退休14个正高级工程师。正高级职称人才队伍已不能满足事业发展和人才高地建设的需要。高层次专家、国家级高层次人才、广东省高层次人才、青年专家数量仍需提高。

(二)核心技术和重点研究领域创新能力不足

在智能观测和多源数据融合分析、高分辨率区域数值预报模式系统、智能数字化客观预报、卫星遥感监测应用、智慧气象服务等重点领域科研创新能力不足,暴雨、强对流、台风、雷电等气象灾害机理研究还有待加强。聚焦核心技术和重点研究领域,高层次人才数量明显不足,科技创新能力和水平有待提高,创新环境仍需完善,创新投入仍需增加,创新产出及成效仍需提升。

(三)人才工作投入不足

人才工作投入不足,近年来国家对气象工程建设的投资力度明显加大,但专门用于人才培养、培训、教育的经费未能随之增长。气象部门作为中直单位,大部分单位的人才经费未能纳入地方预算，人才经费缺口较大。有部分单位没有将其纳入部门综合预算，人才工作不能跟上气象事业大发展的步伐。尤其是科研经费投入少，大多数市局每年安排科研课题一般都在5万～10万元。课题经费不足导致市县级专业技术人员难以开展深入研究，影响了职称晋升、能力提高。部分单位由于人员财政经费不足，需要用科研经费补充，直接影响科研人员的待遇和积极性。

（四）优化人才环境、强化人才服务意识不够强

气象人才成长环境仍需优化，人才发展机制创新需要取得突破性进展，人才发展投入仍需增加，人才发展基础支撑能力仍需提升。对优秀人才、一线人才尤其是青年人才的子女上学、住房租房等方面的人才政策还不够有效、措施实招不多。有的单位人才视野不够宽、眼光不够远；有些单位抓人才政策落实不够实，贯彻落实措施表面化。

上述问题的原因，主要是在加强以政治建设为统领，运用习近平新时代中国特色社会主义思想对全部门干部思想武装还不够全面、不够系统，对习近平总书记有关人才工作的重要论述学深悟透还不够；新时代党的组织路线贯彻落实还不够。人才观念和人才意识不够强，人才培养投入不足，人才评价机制不甚合理，政策不配套，缺乏吸引人才、使用人才、留住人才的机制与政策。工作作风还不够扎实，有针对性的政策研究还不够，情况掌握还不全面，还存在一定程度的形式主义、官僚主义。

五、有关建议

气象事业是科技型、基础性、先导性社会公益事业，直接面对地球系统科学和大气科学前沿问题、服务经济社会发展各方面各领域，更凸显了人才工作对事业发展的极端重要性。要针对调研发现的问题，深入分析研究，拿出破解难题的实招、硬招，切实解决好问题。按照建设更高水平气象现代化的要求，建设粤港澳大湾区人才中心与科技创新高地。

（一）创新人才管理机制

构建人才发展良好生态，突出身份管理向岗位管理转变，强化岗位竞聘和聘期考核，对聘期考核优秀的人员加大激励力度。中国气象局广州热带海洋气象研究所可探索实行机构编制备案管理，可自主设置、变更和取消内设机构，自主

设置和调整岗位，自主聘用工作人员。突出精准靶向引才。鼓励支持用人单位实施各具特色的引才计划，提高引才的针对性和实效性。完善高层次人才考核制度。对于入选省局人才工程专家，实施年度考核和支持期综合考核，重点加强工作业绩、业务能力、团队建设、人才培养和创新能力五方面考核。

（二）创新人才使用机制

创新事业单位岗位管理，事业单位设置人才特设岗位，按照急需紧缺、业内认可、业绩突出的原则，自主界定少量高层次人才，界定标准和具体人选以适当方式公开。特设岗位一般不得超过本单位经核准的常设岗位设置总量的3%，不设置在管理岗位。特设岗位根据目标责任，执行特设岗位相应薪酬待遇。特设岗位一般为一个聘期，一个聘期一般为3年，最长不超过5年，实行公开招聘，报批后实施。深化开放合作，以“揭榜挂帅”“赛马制”等方式，集聚粤港澳大湾区气象业务部门、高等院校、科研院所和国际教育培训机构等单位的优秀气象人才深度参与气象科技创新，形成产学研用深度融合的人才培养使用链条。

（三）创新人才选拔任用机制

坚决破除唯论文、唯职称、唯学历、唯奖项“四唯”现象，建立在重大科研、项目和急难险重工作中发现、识别人才的机制。2025年起，凡申报研究员和副研究员职称的，应当有不少于1年的业务服务工作经历。鼓励各单位健全相关机制，吸收高校、科研院所、企业等气象行业人才参与气象科技创新和业务技术攻关。完善重大业务工程负责人员选配制度，提高中青年骨干人才选配比例。深化领导干部选拔任用制度改革，完善公开选拔提高选人用人公信度。

（四）统筹用好政策机制

加强与当地政府政策衔接。积极争取地方党委政府支持，落实好地方党委政府的人才待遇政策，争取落实在医疗、保险、住房、税收、配偶安置、薪酬、子女入学等方面的政策和经费支持。构建人才绿色通道机制。对急需引进的高精尖缺人才及团队，采取“一人一策”“一事一议”方式引进。大力推进气象科技成果向气象业务服务转化应用，要制定完善相关制度，规范气象科技成果评价认定，加强气象科技成果知识产权保护，对积极推动成果转化并在气象业务服务中取得显著成效的科技成果所有人及主要贡献者，加大激励力度。

（五）营造更好的科技创新环境

建立健全经费保障机制，进一步落实中央财政科研经费管理各项改革政策，用好地方财政科研经费管理政策。设立人才开发的人才津贴、创新团队、科研项目和软科学等专项资金，人才经费列入部门年度综合预算。各单位要建立保障科研业务人员专心科研制度，切实减少参加应景性、应酬性活动和不必要的评审评价活动。在项目评审、机构评估和人才评价中，完善评审专家库制度、信用记录制度和回避制度，全面实施评审专家承诺和公正性调查制度。鼓励和引导各级气象学会、气象服务协会等设立人才和科技奖项，健全评审标准和程序，激励各类气象人才开展科技创新。引导广大气象人才树立正确的科研价值取向，大力弘扬科学家精神和工匠精神。

充分发挥中国气象局科技政策优势，健全人才梯队、科研条件和管理机制的配套政策，赋予领军人才、首席专家和青年英才更大的技术路线决策权、预算调剂权、资源调度权和研发人员调整权；建立健全责任制和“军令状”制度，建立领军人才牵头、青年英才聚集、青年新秀参与的科技创新梯队；强化青年人才在科技创新中“挑大梁、唱主角”的人才培育机制；进一步推进“揭榜挂帅”和“赛马”制，建立以创新价值、能力、贡献为导向的科技人才评价激励机制，深入推进科研项目及经费管理“放管服”改革，营造更加有利于持续创新的科研环境。

陕西气象产业发展的调研与思考

杜毓龙[2]　冯　开[1]　赵艳丽[2]　高维晶[1]

（1. 陕西省委政策研究室；2. 陕西省气象局）

气象产业是为经济社会发展和人民生产生活提供气象产品及服务的各类经济活动的集合，是气象高质量发展的重要支撑。随着改革开放的不断深入和极端天气的增多增强，经济发展和人民生活对气象服务的需求越来越高，发展气象产业前景广阔、大有可为。

一、发展气象产业意义重大

一直以来，社会普遍认为气象服务是免费的公共产品，不具有商品属性，气象产业无从谈起。事实上，气象产业早已不再只是提醒阴晴冷暖，而是以气象资源为基础，利用人工智能、物联网等新一代信息技术，融合最广泛的社会资源，以满足越来越多样化、定制化、个性化气象服务需求为目标，实现释放气象资源效益和激活产业生态活力的有机结合。

（一）发展气象产业是落实中央决策部署的具体行动

习近平总书记指出："气象工作关系生命安全、生产发展、生活富裕、生态良好，做好气象工作意义重大、责任重大。"国务院《气象高质量发展纲要（2022—2035年）》明确要健全相关制度政策，促进和规范气象产业有序发展，激发气象市场主体活力。发展气象产业既是贯彻落实习近平总书记关于气象工作重要指示精神的重要举措，也是贯彻落实党中央国务院关于激活高价值气象数据要素潜能的具体行动，更是提高气象服务国家、服务人民质量效益的客观要求。

（二）发展气象产业是市场专业化、多元化、精细化的客观需要

市场化改革的方向就是减少政府干预，进一步释放生产力。但随着市场体制和行政体制改革的深入，气象相关产品及服务的市场化程度逐步加深，定制

化、个性化的服务需求越来越多，发展气象产业，可以有效发挥资源效益、激发市场活力，推动形成良好产业生态。

（三）发展气象产业是防灾减灾的现实需要

在全球气候变暖背景下，每年因气象因素而导致的自然灾害损失上千亿美元。据统计，1991—2020年我国平均每年气象灾害直接经济损失为2587.3亿元，占GDP的1.6%。发展气象产业，有助提高气象装备技术水平和气象信息服务能力，针对性地采取防御措施，最大限度减少经济损失。

（四）发展气象产业是培育新增长点的有效途径

气象与农业、交通、能源、制造业等行业高度关联，产业渗透性强、需求旺盛。陕西省产业结构偏重，先进制造业特别是新一代信息技术产业发展尚不充分，亟须加大投资、积蓄后劲。而气象产业恰恰是投资小、回报高、后劲大、带动强的新兴产业，可以提早谋划、集中用力，为陕西省高质量发展增添新动能。

二、国际国内气象产业发展现状

从国际看，欧洲及美、日、韩等发达国家建立了相对完善的气象产业相关法律法规和管理规则与标准规范，市场化起步早，气象预测技术发展和气象服务应用领域拓展较为成熟。其中，美国气象产业商业化程度最高，约有400家企业经营气象服务、年销售额高于4亿美元。英国的气象产业以气象信息服务为主，商业气象服务由英国气象局和私营气象公司共同提供。日本、韩国与美国类似，国家气象部门提供基本气象服务，私营公司从事商业气象服务。随着气候变化对全球经济社会环境影响程度日益加深，IBM、Google等国际著名商业机构开始进军商业化气象服务领域，特别是IBM利用所收购天气公司的大量数据集，通过超级计算机先进的认知能力和云平台来提供天气预报服务。

从国内看，气象信息和科技服务在现代农业、交通运输、能源、海洋经济等产业发展中不断由“外挂式”向“融合式”转变，“气象＋”加出了新效能。“气象＋农业”以精准提示、联合会商、应急联动、科学指导等方式深度融入农业现代化建设。“气象＋能源”以精细化预报、定制式保障锚定绿色发展守护能源安全底线。“气象＋交通”立足交通强国建设服务保障需求，大力发展与之相匹配的现代交通气象服务体系，服务经济“大动脉”安全畅通。伴随国家环境治理、区域综合减灾、生态绿色发展、“双碳”目标实现等领域重大战略实施，对气象产业发展需求更加强烈。据中国气象服务协会2015年研究预测，我国气象产业市场规模到2025年将达到约3000亿元，这个规模仍只是局限于气象存量的产出，如果考虑到未来气象产业业态拓展，气象产业规模应该远不止于目前的预测。

三、陕西省气象产业发展总体态势良好

陕西省气象产业基础良好，企业市场稳固，研发实力雄厚，根据税务部门数据，2021年全省气象产业应税市场主体296户，2019—2021年营业额稳定保持在87亿元左右。虽然目前气象产业规模较小、发展存在一些短板，但后发潜力巨大。

一是发展优势明显，竞争力较强。陕西省依托装备制造、新材料等制造业基础，气象装备产业优势明显，目前从事气象装备产业的企业有55家，2021年营业额52亿元，占全部气象产业营业额的59.4%。中天火箭作为行业龙头企业，近三年国内平均市场占有率达53.6%。除人影装备外，陕西省一些企业生产的气象雷达产品覆盖全国20余个省(区、市)，个别气象装备设计填补了国内空白。

二是技术资源丰富，发展较为成熟。西北工业大学、西安电子科技大学、西安理工大学等院校无人机、雷达技术等科研成果丰硕，在气象领域应用广泛。陕西省军工企业众多，航空航天、武器实验、军工制造等方面的高精尖技术与气象密切相关，部分领域已转化成产业竞争力。

当前，国内外都在抢抓新一轮科技革命和产业变革的机遇，挖掘新的经济增长点，而气象产业整体处于“初级阶段”，发展潜力和空间巨大。陕西省已有较好基础，但从整体来看，还存在不足。

一是产业发展支持力度有待提升。气象产业相关的技术、产品和服务标准还需健全，支持气象企业扩产扩能、技术更新等方面做得还不到位。如有企业反映现有场地无法满足扩产需求、近几年用地申请未能通过审批。反观江苏抢抓产业发展风口，引导企业投资扩产、积极加大研发投入，抢占先机。

二是产业链条薄弱环节亟待加强。目前，陕西省气象产业链各节点间独立运行较好，但协同不足、发展还较为分散、企业产品较为单一。如中天火箭在气象火箭制造优势明显，但人影产品软件研发实力不强，而国内同行业的九三九四厂通过收购专业软件公司，推出了软硬件结合的产品。外省一些气象装备制造企业近几年已从地面气象探测装备发展到空地一体全领域气象探测装备，并积极尝试拓展商用气象信息服务。

三是核心技术、专业人才欠缺。卫星载荷和气象雷达等大型高精尖装备存

在“卡脖子”环节，气象服务数字化、自动化程度较低，气象数据与工业、交通、旅游、保险等行业数据资源融合不够，商业气象服务个性化、定制化产品较少。专业人才缺口明显，产业发展所需的微波视频、嵌入式等人才大多被华为、中兴及部分军工企业吸引，个别企业每年仅能找到一到两个专业人才，大部分项目是以咨询方式购买服务。

四、发展陕西省气象产业的对策建议

气象产业蓬勃发展态势和潜力有目共睹，尤其在新发展格局下，环境、条件比过去更优良，发展空间更为广阔。陕西省应积极发挥气象产业特色资源优势，加强产业发展政策引导，强化产业发展基础支撑，充分释放发展潜能，提升气象产业整体水平和核心竞争力。

（一）加强顶层设计和科学布局

谋划布局是产业发展的先导条件。气象产业作为新兴产业，具有长期可持续发展潜力，积极抢占新一轮产业竞争的制高点。加快完善政策体系，加强气象产业与相关产业政策和规划的衔接，构建产业、人才、科技、金融等政策相互支撑配合的政策保障体系，在水、电、能耗等资源要素保障上，给予链主企业、骨干企业、核心配套企业更多倾斜支持。争取布局气象科技产业园，争取国家重大专项计划和政策支持，对标中国气象科技产业园北京园和南京园，借鉴南京（中国气象谷）科学研究、成果转化、企业孵化、技术服务、投资融资融合发展的做法，建设陕西气象科技产业园，争取国家级企业，吸引外省骨干企业，推动陕西省企业落户，形成集群示范效应。积极打造气象产业链，将气象产业列入陕西省重点产业链，坚持龙头引领、配套协作，将陕西电子信息集团作为链主企业，依托其气象雷达、传感器、数据服务等领域技术优势，加快带动气象产业链建链、补链、强链、延链。同时，外引内培一批产业带动强、科技含量高的龙头企业和头部企业，形成一批专精特新中小企业，组建产业链上下游企业共同体，推动链主企业、核心配套企业园区化、集群化发展。

（二）推动气象重点领域产业发展

培育气象优势产业是提高陕西省气象产业整体水平的关键。加大政府购买气象服务和财政投入力度，聚力选择有特色有优势的产业领域作为突破口，示范先行、重点推进，形成具有全国影响力的气象产业高地。做大做强气象装备产业，加快新一代信息技术、材料等先进技术与气象装备技术深度融合，推动气象观测装备、气象灾害防御装备、气象科学实验装备发展。重点支持陕西电子信息集团、中兵集团二〇六所等以智能制造和核心零部件精密制造为主攻方向，大力发展卫星载荷、多普勒天气雷达、风廓线雷达、相控阵天气雷达、大气遥感仪器等大型高精尖装备及关键算法和配套软件；依托中航西飞、西安爱生、中天火箭等企业发展新舟60多用途气象飞机、小型人影无人机、增雨防雹火箭弹等新型人影作业装备，鼓励企业由装备研制生产向装备全生命周期运维服务延伸。加快培育气象信息服务产业，发挥西安气象大数据应用中心数据支撑作用，依托陕西气象服务中心等加快培育一批气象信息服务企业，推进国家级苹果气象服务中心品牌化建设，重点为能源、农业、水利、交通、生态等行业按需精准提供数字化气象服务产品，有效赋能生产安全与发展。加强气候资源开发利用，重点发展风能太阳能利用服务、气候可行性论证，探索推进生态气候产品价值实现机制。积极发展大气污染预防、气象类保险、医疗健康等气象衍生产业。巩固增强气象工程技术产业，发挥陕西航空航天产业优势，发展安全高效的人工影响天气作业技术，支持开展人工影响天气新装备试验示范和新技术转化应用。探索开展农业、水利、生态恢复等重点领域气象适用工程技术服务。引导和支持企业参与防雷工程专业设计和施工、防雷装置检测、防雷产品研发等适用技术服务。鼓励企业开展具有自主知识产权的气象专用软件研发，推动气象专用软件专业化、集约化发展，提升气象业务系统、专业气象服务等气象专用软件产业化水平。

（三）提高气象科技自主创新能力

科技创新是解锁气象产业高质量发展的“核心密码”。牢牢牵好创新这个“牛鼻子”，把握产业融合发展风口，不断深耕产业赛道，全面提升气象产业综合竞争力。紧密对接秦创原创新驱动平台，国省共建西安气象科技创新研究院，建立健全气象产业“政产学研用”深度合作机制，探索龙头企业联合高校、科研院所、双创机构和产业链上下游配套企业，建立各方协同配合的创新联合体和气象产业技术创新联盟，促进创新成果与产业发展紧密对接。争取国家科技计划支持，将气象重大核心技术攻关纳入科技计划专项，聚焦高精度、智能化气象探测传感器、观测设备和探测技术，推动国产化和迭代更新持续开展协同攻坚，探索人工智能气象应用算法，开展以应用为导向的智慧气象服务技术研发，努力攻克一批气象“卡脖子”领域关键核心技术和产品。鼓励企业加大研发投入，全面落实国家有关研发费用税前加计扣除、重大装备首台（套）等保险补偿和税收优惠政策，打造气象雷达、气象卫星、气象专用软件、高价值气象数据研发应用等原创技术策源地。

（四）强化气象产业发展的基础支撑

要素保障是气象产业发展的基础条件和关键环节。推动气象数据产品高效应用，建立健全气象信息服务质量考核、信用评价制度，引导和支持企业依法开展气象信息服务，推进航空、能源等领域专业气象服务向价值链高端延伸，促进气象数据转化为面向经济社会和产业发展各领域的服务产品，释放气象大数据要素价值。设立气象产业投资基金，重点支持项目建设、技术研发、示范应用等，引导金融资源为不同阶段企业提供资金支持和金融服务。实施气象高层次科技创新人才计划，支持省内高等院校设立气象相关专业，鼓励重点企业与省内高等院校进行人才培养合作，实行订单式培训，支持企业柔性引进高层次人才，确保人才引进与企业需求基本匹配。鼓励重点企业加强与陕西省气象部门的合作，立足本省，将气象部门业务技术能力和科研成果转化为企业产品价值，拓展全国市场。构建气象部门与企业沟通交互机制，发挥协会桥梁纽带作用，积极举办产业论坛、行业大赛等活动，引导和支持企业参与气象重大国际会议、国际技术交流活动，推动先进气象技术、装备和标准“走出去”。

交通强国建设背景下公路交通气象发展需求和对策研究报告

田　华[1]　杨　峰[2]　吴晓峰[3]　郜婧婧[1]
苗　蕾[1]　林明宇[1]　陈　运[1]　宋建洋[1]

（1. 中国气象局公共气象服务中心；2. 交通运输部路网监测与应急处置中心；3. 公安部交通管理科学研究所）

交通运输是国民经济中基础性、先导性、战略性产业和重要的服务性行业，是推动新时代经济社会高质量发展的重要支撑。截至 2020 年年底，我国高速公路通车里程稳居世界第一，正从交通大国加快向交通强国迈进。面对公路交通新发展阶段，通过文献查阅和问卷调查方式开展交通强国建设背景下公路交通气象发展需求和对策调研，梳理公路气象发展面临的机遇和挑战、服务现状和问题以及服务能力提升建议，对推动公路交通气象服务向创新驱动转变具有重要的意义。

一、交通强国建设背景下公路交通气象发展面临的机遇和挑战

（一）交通强国发展踏上新征程

2017 年，党的十九大报告首次提出建设“交通强国”的发展战略。2019 年 9 月中共中央、国务院印发实施《交通强国建设纲要》。2020 年 12 月国务院新闻办发布的《中国交通的可持续发展》白皮书指出“到 2035 年基本建成交通强国”。2021 年 2 月国务院印发《国家综合立体交通网规划纲要》，指出“国家高速公路网规模规划 16 万公里左右，普通国道网络 30 万公里左右”，“推进综合交通安全发展，智慧发展，绿色发展”。

为贯彻落实交通强国建设目标和任务，2020 年 10 月公安部交管局印发的《公安交通管理科技发展规划（2021—2023 年）》明确提出，建立道路风险研判模型，排查治理高速公路、国省道安全隐患点段，研发团雾、路面结冰多发路段和长

下坡路段预警系统，强化交通安全风险主动防控。2021年10月交通运输部印发的《数字交通"十四五"发展规划》提出，完善公路感知网络，发展车路协同和自动驾驶，推动重点路段开展恶劣天气行车诱导，缓解交通拥堵、提升运行效率。深化ETC系统应用，实现视频、气象等信息联网汇聚，提升应对特殊天气、突发事件能力。

交通安全发展是交通强国的基本要求。英国、德国、法国万车死亡率分别为0.45人、0.56人、0.57人，而中国尚在1.66人。据公安部门统计，气象原因造成的高速公路事故占比达40%左右。《国家综合立体交通网规划纲要》中预计2021—2035年旅客出行量年均增速为3.2%左右，全社会货运量年均增速为2%左右，客货运量的增加势必导致交通安全形势十分严峻。

交通智慧发展的目标是提升交通出行效率和安全服务水平，必经之路是智能交通。当前，公路交通智能化建设趋势为：1)整合公路交通宏观系统。基于云技术使信息资源跨区域整合、跨平台共享，实现信息处理更加快捷准确。2)动态、实时掌握公路交通情况。将数控技术、网络信息技术、卫星技术应用到公路交通智能化系统中，实时监控当前交通情况，实现智能协同调度管理，具备各类情况快速反应能力。3)信息感知多元化和智能化。除了依靠固定监测器监测天气外，还将通过物联网技术对附近的天气路况甚至高危地段进行监测和信息发布。

交通实现绿色发展，必须破解交通拥堵和大气环境质量恶化两个问题，其中由气象原因造成的拥堵不断增加，拥堵加剧汽车尾气排放，导致城市雾/霾加重。据全国高速公路交通气象灾情资料统计，雾/霾、降雪(结冰)、降雨(积水)是造成高速公路阻断的主要气象灾害。

(二)跨部门的合作机制已初步建立

2013年，公安部、交通运输部、中国气象局联合下发《关于加强恶劣天气公路交通应急管理工作的通知》，开启跨部门合作机制建设。2020年9月，公安部和中国气象局联合印发《恶劣天气交通预警处置试点工作方案》，以江苏、广东为试点省，实现恶劣天气交通预警处置的制度化、规范化、自动化和智能化，初步建立起跨部门合作机制。2021年3月，以山东、海南为试点省，开展"一路三方"交通应急联动处置试点工作，实现公安交管、交通运输、气象部门"一路三方"恶劣天气交通应急联防联动联治。2021年11月，中国气象局、公安部、交通运输部、国家铁路局、国家邮政局首次联合制定《"十四五"交通气象保障规划》。2021年12月，公安部、交通运输部、中国气象局下发《关于联合开展省级恶劣天气高影响路段优化提升工作督办的通知》,开展为期 1 年的 108 条高影响路段优化提升工作。2022 年建设完工的省级恶劣天气高影响路段优化提升成效明显,道路交通事故平均同比下降 43.6%,交通拥堵次数平均同比下降 60%。

二、公路交通气象业务服务现状需求和存在问题

(一)业务服务现状和需求

面向公安、交通、气象部门 110 位专家开展了公路交通气象服务现状需求问卷调查。结果显示,目前气象部门开展的公路交通气象服务以公益性为主,服务对象主要是公众和决策部门。服务在公安部门主要应用于交通管控、指挥调度、应急处置、勤务管理、信息服务、交通安保等方向,在交通部门主要应用于应急处置、指挥调度、公路运营、道路养护、交通管控等方向,少量用于道路病害监测及预警、灾毁重点路段监测巡查、公路规划设计等。

两部门主要通过气象部门专业服务、网络电视等媒体报道、上级部门统一下发方式获取公路交通气象信息。公安部门 60% 的专家认为现有公路交通气象服务与需求差距较大,而交通部门则为 15.9%。

气象要素需求:两部门对低能见度和道路结冰需求度最高。公安部门对路面状态、团雾、道路湿滑、降雪、大风、积水深度等要素需求度也较高。而交通部门则对团雾、降雨、降雪和地质灾害要素需求度较高。此外,交通部门对积水深度、道路拥堵、洪水、道路湿滑、道路损毁、驾驶员视距等专业性要素有一定的需求。

产品类型需求:两部门对于实况和风险预报产品需求度最高,其次为预警和专业影响预报产品,天气要素预报产品需求度相对最低。

产品的时空精度需求:公安部门对产品时空精度要求较交通部门更高一些。公安部门对预报、风险类产品的空间精度要求覆盖县级区域,对于实况产品为覆盖乡镇区域,而对于预警产品则为覆盖道路沿线 5 km;上述产品时间精度要求则均是时长 24 h,逐小时间隔。交通部门对上述各类服务产品的空间精度要求均为覆盖县级区域,而时间精度要求则有所不同,预警产品时长为 24 h,预报产品时长为 12 h,风险产品时长为 1 h,时间间隔均为逐小时。

产品的及时性需求:对于实况信息,公安部门最能接受延迟 5 min,其次是延迟 10 min,而交通部门则最能接受延迟 10 min,其次是延迟 30 min。相比之下延迟 1 h 的接受度最低。对于预警信息,公安部门最希望提前半天和 1 d 获取信

息，其次是提前 1 h，而交通部门则最希望提前 1 d 获取信息，其次为提前半天。

服务获取方式需求：公安部门最希望通过交通气象网络平台的方式获取交通气象服务产品，其次为数据接口访问。而交通部门则最希望通过手机 APP 和短信获取产品，其次为交通气象网络平台。

服务产品形式需求：公安部门对数据产品的需求最强，其次是文字和图形产品。而交通部门则对文字产品需求最强，其次为图形和数据产品。

气象赋能交通行业的需求潜力：公安部门认为气象服务可在安全运行、出行服务、交通安保、应急处置、交通管控、道路风险隐患排查等方面发挥价值。交通部门则认为在应急处置、安全运行和出行服务以及交通管控、道路养护、运营和运输等方面发挥价值。此外，两部门认为精准送达、场景化按需定制、智慧感知等将是未来交通气象服务的切入点。

(二)现阶段发展存在的问题

1. 公路交通气象观测站网体系化建设尚未完成

一是监测站点数量不足，覆盖面不够，目前全国高速公路沿线有 2700 余套交通气象监测点。站点分布不均匀，24 个省站点均低于 50 个，仅 6 个省站点超过 100 个。

二是监测要素不全，以降水、气温、风速、能见度、相对湿度为主，路面状态、路面温度等观测不足，基于雷达、卫星、视频图像等综合监测的技术应用尚未全国开展。

三是部分监测站缺乏必要校准和维护，存在观测数据大量缺测无法使用。监测设备品牌与型号繁多，技术性能不一，给数据质量控制和整合应用带来巨大挑战，目前仅 45%的省份开展了数据质量控制。

2. 公路交通气象服务专业性、针对性不强

一是交通气象服务产品以常规气象要素实况与预报为主，缺乏针对交通线路设计、建设、运营和安全管理等环节的影响或风险预报预警服务产品，尤其是路面状态(积水、结冰)、低能见度(团雾)、道路损毁等专业性、数字化产品不足。

二是公路交通气象预报预警的提前量和精准性不高。精细化低能见度(团雾)、横风、道路结冰短临预警技术、灾害风险预警评估技术等尚未取得实质性突破。

三是交通气象服务系统智能化水平有待提高，尚未结合大数据、人工智能等技术，实现恶劣天气智能监测感知、数字化产品自动生成、服务在线交互、跟踪服

务等。

3. 公路交通气象服务支撑不足

一是专业技术人员支撑不足。目前气象部门具有10人以上交通服务队伍的省份占比10%左右，5～10人占比31%左右，5人以下占比58%左右。

二是行业信息共享不充分。目前70%的气象部门共享的交通行业数据以道路灾害隐患点(55.3%)和道路基础信息(44.7%)为主，公路实景视频数据、交通管制、事故和阻断、交通流量等实时共享还不充分。同时，部门间缺乏有效的信息网络共享平台，信息传输以微信、网页、邮件、手机短信等方式为主，难以实现共享信息的精准、快速服务。

三、公路交通气象服务的发展对策和建议

(一)提升公路交通气象基础监测能力

健全公路交通气象观测系统。国省气象部门联合公安、交通部门依托全国气象灾害综合风险普查和省级恶劣天气高影响路段优化提升督办等工作，排查公路浓雾(团雾)、道路结冰、强降水、大风等灾害隐患点，结合地方经济发展形势和服务需求，通过政府主导、国家或部门项目支持、合作共建等渠道，强化公路气象灾害隐患点加密监测和已有交通气象站设备升级改造，稳步推进公路交通气象监测站网优化布设。

提升公路交通气象观测装备保障能力。国省气象部门联合交通行业部门开展交通气象技术装备布局规划、气象信息采集加工相关基础性研究，制定并实施公路交通气象观测设备的技术标准和计量标校规范。联合发展基于图像识别的低能见度、强降水、路面积雪、结冰等智能监测，基于热谱地图的路面低温监测，基于车载设备的移动天气识别等技术，实现道路天气智能感知，解决观测站点不足问题。

(二)深化公路交通气象科技创新

完善发展公路交通气象预报预警技术。国省气象部门深入开展大数据、云计算、人工智能等技术在精细化交通气象预报预警以及车路协同应用场景服务等方面的研究和应用。建立针对浓雾(团雾)、横风、道路结冰等致灾临界气象条件监测和短时临近预报及风险预警技术，研发路面湿滑、路面积水、积雪深度、视觉能见度、横风、公路地质灾害等影响预报产品，提供无缝隙、全覆盖、精准化、数

字化的公路交通影响和风险预警服务。

提升公路交通气象信息的智能传输与发布。国省气象部门联合公安、交通部门应用NB-IoT、eMTC、5G等组网技术，融合物联网、人工智能算法、大数据、云计算与AR/VR等新一代信息技术，打通气象服务与交通行业的数据传输、预警发布、信息反馈等环节，构建强风、暴雨、浓雾、冰雪等基于场景的智能行车安全预警系统，实现交通气象灾害预警超短时通过广播、电视、手机短信、手机客户端、电子显示屏等渠道发布，提升不利天气下交通安全管控和突发事件应对能力。

（三）发展智慧公路交通气象服务

开展智慧公路交通气象服务系统建设。面向高速公路决策指挥、路面交警执勤、公众出行等多元化交通气象服务场景对服务产品、服务渠道、服务方式等需求，国省气象部门基于“气象＋”大数据平台和交通气象服务大数据，应用统一开放的智慧交通气象服务应用框架和开发环境，实现交通服务产品实时更新、精细分析、智能研判、自动生成、主动发布、多渠道精准传输。

提供按需定制的公路交通气象服务。面向公众个性化需求，研制道路交通安全和拥堵气象风险以及节假日专题交通气象服务产品，联合高德或百度公司，基于大数据技术实现基于位置和需求的实时推送，实现智慧出行。面向路政、管养等部门全天候实时推送路面结冰、积水、低能见度等恶劣天气监测预警信息，提升公路通行效率和规避风险的能力。

（四）加强人才队伍和部门共享机制建设

强化交通气象专业队伍建设。国省气象部门联合成立交通气象服务团队，加强与公安交通部门、科研院所、社会企业等多边合作，共同开展交通气象关键技术研究，定期开展交通气象预报需求对接和技术交流培训，打造具有较强科技创新能力的优秀团队。

强化行业信息共享利用。深化气象服务与交通、交管业务融合，建立安全稳定的实时信息交换通道，实现各类气象、交通事故、阻断等信息资源整合共享和开发利用，提高气象服务产品的跨领域融合应用效益。

关于发挥气象防灾减灾第一道防线作用的调研报告

王世恩　张玉珍　李万金　郭　维　刘明奇

（吉林省气象局）

以习近平同志为核心的党中央高度重视气象工作，在新中国气象事业70周年之际，习近平总书记作出重要指示，强调气象工作关系生命安全、生产发展、生活富裕、生态良好，要发挥气象防灾减灾第一道防线作用。2022年4月，国务院印发了《气象高质量发展纲要（2022—2035年）》（简称《纲要》），系统部署到2035年气象高质量发展的主要目标和重要任务。其中“筑牢气象防灾减灾第一道防线”是重要任务之一。中国气象局庄国泰局长强调，新形势下的气象工作必须深入贯彻落实习近平总书记关于“发挥气象防灾减灾第一道防线作用”的重要指示精神，大力推动气象事业高质量发展。对标党中央、中国气象局对气象工作的总体要求和目标，本调研对吉林省气象部门发挥气象防灾减灾第一道防线作用方面进行了研究。

一、调研对象及主要思路

吉林省地处温带大陆性季风气候，气象灾害种类多、范围广、危害大。据统计，“十三五”期间，全省极端天气气象灾害比“十二五”期间多1倍，特别是近5年平均每年都会遭遇3个左右台风影响。因此，如何发挥好气象防灾减灾第一道防线作用，对于防范和化解重大气象灾害带来的风险，建设更高水平平安吉林具有重要的实践意义。

本调研以全省各级气象部门，特别是基层气象部门为对象，以中国气象局庄国泰局长关于准确理解气象防灾减灾第一道防线深刻内涵的“早”“准”“快”“广”“实”5个方面重要论述为核心思路，分别从气象防灾减灾服务保障、基础能力、应急联动、工作格局等方面进行了深入调研和分析，摸清了全省气象防灾减灾第一道防线作用的发挥情况以及存在问题，并围绕如何更好地发挥气象防灾减灾第一道防线作用提出思考和建议。

二、气象防灾减灾第一道防线作用发挥情况

（一）重大气象灾害基本能够做到早预报、早预警

从吉林省各级气象台站重大灾害性天气过程的首次预报材料发布时间提前量看，89%的台站可以提前2～3 d报送预报信息，但只有51%的台站能够提前12 h首次发布预警信号。由于预警信号的发布受限于其发布标准，部分气象灾害的预警标准规定未来6 h或3 h时效，因此在执行时显得预警信号发布的时间较晚，作为预警联动的重要“发令枪”，预警信号发布后，给各级政府和部门争取的防范时间就显得有些不足。在首次预报发布后，各级气象台站也能够按照“递进式”模式的要求，滚动订正预报结论，随时发布更新预报信息。

（二）预报准确率比较稳定，预警准确率波动大

吉林省气象灾害种类多，天气变化较为剧烈，地形也较为复杂，客观上对预报准确性的提高造成了不小的困难和挑战。从全省近3年（2019—2021年）的预报准确率统计来看，全省晴（雨）预报准确率稳定维持在80%以上，气温预报准确率（误差≤2℃）平均在70%以上。但是气象灾害往往是突发性、极端性的天气气候事件造成的，从几个主要气象灾害预警信号的准确率分析看（表1），预警信号命中率虽然可以达到80%～90%，但其准确率仅在50%～70%，说明其中存在很大程度的“空报”，一定程度降低了预警信号的“权威性”，提高了气象灾害的防御成本。

表1　近3年省级主要气象灾害命中概率和准确率统计

省气象台	2019年	2020年	2021年
暴雨预警信号准确率	0.52	0.72	0.66
大风预警信号准确率	0.55	0.43	0.68
大雾预警信号准确率	0.39	0.63	0.48
暴雪预警信号准确率	0.68	0.74	0.73
强对流预警信号准确率	0.53	0.57	0.64
暴雨预警信号命中率	0.81	0.91	0.87
大风预警信号命中率	0.79	0.97	0.93
大雾预警信号命中率	0.93	0.83	0.90

续表

省气象台	2019 年	2020 年	2021 年
暴雪预警信号命中率	0.84	0.88	0.96
强对流预警信号命中率	0.91	0.85	0.91

（三）信息发布速度已尽力快，但传播速度难掌控

按照现有的业务流程，各类气象信息向社会传播需要经历制作、审核、签发及借助各类媒体向社会传播的过程，部分高级别预警信号已建立了预警传播的“绿色通道”。从监测预报发现气象灾害发生苗头到预警信息正式推送出去的流程来看，绝大部分气象台站均能够在 30 min 内完成预警信号制作，能够在 20 min 内完成主要责任人的“叫应”服务。

据估算，由各级气象部门负责发送的政府领导、部门责任人等重点人群可在 40 min 内接收到预警信息。但是绝大部分的公众需要通过电视、广播、新媒体等公众渠道或气象信息员的主动通知等获取气象灾害预警信息，社会媒体的传播受其本身特点的制约，传播的速度难以掌握，另外这些传播途径更多地需要公众主动获取，信息传递到公众手中的时间更是无法控制，一定程度上产生了滞后性。表现较为明显的是突发性强、历时短的强对流类的各类预警信息，由于其提前量不大，经过一系列流程传播到公众手中后，灾害性天气往往已经到来甚至即将结束。

（四）预警信息覆盖面提高较大，但有效性尚需加强

近 10 年来，吉林省依托各类重点项目，通过自建、共建、共享等多种方式，气象预警信息的覆盖网络已得到较大程度的完善。据调研，2018 年省级建设完成突发事件预警信息发布系统，全省目前共建有气象信息员 1.4 万余人、预警信息接收重点责任人 8000 余人，实现了重点部门、重要责任人和行政村以上全覆盖。面向近 1.2 万新型农业经营主体开展“直通式”气象服务。近年来逐渐成为信息传播主力的气象官方微博、微信等气象新媒体累计粉丝数量超过 200 万人，其中省级“吉林气象”微博、微信粉丝超过 40 万人。不考虑其他渠道的情况下，由气象部门自主掌握的传播手段可将各类气象信息传播至近 300 万人。理论上统计气象灾害预警信息的覆盖率已超过 90%。在广覆盖的能力逐步提升的情况下，也存在着预警信息“大水漫灌”的问题。

（五）气象防灾减灾救灾措施逐步扎实，机制有待完善

近 10 年来，全省县级以上人民政府均成立了气象灾害防御指挥议事协调机构，建立了较为完善的“政府主导、部门联动、社会参与”的气象防灾减灾体系。特别是党和国家机构改革深入推进后，各级应急管理部门逐步成为气象灾害组织应对和救援的主要牵头机构，更加明确了相关职责。据统计，全省共有 22 个市、县气象部门将气象服务融入基层网格化管理，气象预警信息直接发送至社区、村屯网格长和网格员手中，有 25 个市、县气象部门将气象服务纳入基层基本公共服务清单。各级气象部门深化与外部门合作，累计与应急管理、水利、自然资源等部门签订合作协议 365 份，开展信息共享的单位 135 家。联合发布气象灾害风险预警 8 类，部分市县联合相关单位开展科研攻关，形成了较好的气象防灾减灾部门合力。目前全省各级气象台站均初步建立了高级别预警信息对重要责任人的主动“叫应”机制。累计 18 个市县完成了气象灾害应急预案的修订工作。

三、存在的主要问题

一是监测预报预警能力和水平还不能满足需求。对标“早”“准”“快”的要求，监测预报预警能力还不能满足防灾减灾救灾工作的实际需求。局地强降水监测能力不足，缺乏有效的监测报警手段；灾害性天气预报预警的提前量仍有待于进一步提升，预报预警“早而不准”和“准而不早”的矛盾还没得到有效解决，在防灾减灾中的先导性作用发挥得不够充分；预报预警的空间精度不够，预警的精准发布能力明显不足，不能满足基层精准防御和应对的需求。

二是业务平台支撑能力还存在一些短板。按照业务技术体制改革的要求，业务平台要建立“云”+“端”的支撑模式。目前全省气象信息化建设能力还不强，各类业务平台还未完成“云”化改造，现有业务平台集约化程度不高、一体化设计不足、功能的实用性不强，造成各级业务单位基础信息获取不畅通、数据分析处理耗时较长、气象服务产品加工质量不高、平台众多而操作烦琐等问题。

三是防灾减灾体制机制尚不完善。虽然省、市、县三级政府均建立了气象防灾减灾救灾工作机制，但距离新时期气象防灾减灾新格局的要求还有较大差距。2021 年河南郑州特大暴雨灾害国务院调查报告中提出的议事机构责任不清晰、职责重复、联动机制不到位等问题，在吉林省也不同程度存在，特别是以预警为先导的联动机制还没有完全建立到位。

四是防灾减灾专业队伍支撑保障能力不够。目前全省各级气象部门防灾减灾专业队伍不同程度面临年龄层断崖、人员不足、结构不合理等问题，特别是基层台站普遍存在人手不足、年龄老化、业务能力不强等问题，这与基层日益增加的业务量和逐步提高的业务要求形成较大矛盾，给各级气象台站的防灾减灾队伍建设带来了很大困难和挑战。

五是气象防灾减灾科普知识的公众普及率有待提高。由于极端天气气候事件的增加，公众对气象科普知识表现出强烈渴望，但目前针对公众的气象防灾减灾科普宣传还不能满足需求，科普作品、科普文章和科普渠道都较少，气象防灾减灾"公众参与"的程度和能力亟待提高。

四、进一步筑牢防灾减灾第一道防线的思考与建议

对标对表《纲要》的要求，结合省委、省政府提出的建设更高水平平安吉林的需求，进一步筑牢气象防灾减灾第一道防线，需要做好以下几方面工作。

（一）找准定位，发挥好第一道防线的作用

气象防灾减灾救灾工作有很多环节，涉及很多部门，习近平总书记对气象部门的定位就是"第一道防线"，要求我们加强科技创新，做到监测精密、预报精准、服务精细。这需要我们深刻理解"第一道防线"的定位和作用，气象预报预警是气象防灾减灾救灾工作中的"排头兵"，在思想和认识上需要我们准确摆正位置，做到"到位"而不"越位"、不"缺位"。要紧紧围绕"防"来下功夫，进一步凝聚思想共识，充分履行好党和国家赋予我们的职责。

（二）找准短板，有针对性提升基础业务能力

《纲要》指出，气象事业是科技型、基础性、先导性社会公益事业。这需要我们有扎实的专业技术和服务能力。目前吉林省气象基础能力还存在诸多短板。锚定《纲要》提出的目标，我们需要深入分析并找准制约能力提升的短板和弱项，充分利用"十四五"期间谋划的"千亿斤粮食"等重点工程项目，加强顶层设计，克服地方经济环境较差的困难，少花钱多办事，真正发挥项目建设效益，强化项目建设管理，统筹考虑，扎实补足监测、预报预警、信息化支撑、业务平台等方面的短板和弱项，促进基础业务能力的整体提升。

（三）找准关键，不断完善气象防灾减灾体制机制

要把气象防灾减灾工作摆到自然灾害综合防治的大局中统筹考虑，气象防

灾减灾体制机制不能孤立推进，也不能只依靠气象部门推进。需要我们把握大局，主动融入自然灾害综合防治体系中，按照省委、省政府的规划和布局，将气象服务摆进去。要继续完善以预警为先导的应急联动机制，在提升预警精准性的同时，真正发挥预警信息在“五停”（停课、停工、停产、停运、停业）中的作用。联合应急管理等部门，按照国家气象灾害应急预案修订的相关要求和思路，持续推进全省气象灾害应急预案的修订和出台。细化气象在防汛防台、抗旱、暴雪、冰冻、森林草原火灾、地质灾害等各类应急预案中的工作细则，发挥好参谋作用。推进基层气象信息员与应急管理、农业等部门信息员的“多员合一”。深化部门合作，形成防灾减灾救灾合力。

（四）找准根源，深入推进业务技术体制改革

深化改革是适应新时期党和国家对气象工作新要求的必经之路，要按照中国气象局新型业务技术体制改革的要求，找准制约改革的根源问题，逐一破解，逐步深化。要决心重构以“大数据”“云平台”为核心的气象业务体系，先立后破，推进业务流程再造。要灵活运用“五化”工作法，挂图作战，揭榜挂帅，确保各项改革任务落实到位。气象业务技术体制改革要适应政务信息化的要求，适应智慧化、智能化的需求，适应大数据时代的基本要求。

（五）找准机遇，构建气象防灾减灾新格局

当前，气象工作迎来历史上难得的发展机遇，党中央的指示，《纲要》的出台，已经将气象工作推入高质量发展的快车道。我们应不失时机地抢抓机遇，结合吉林省全面振兴、全方位振兴和更高水平平安吉林建设的实际，不断健全“党委领导、政府主导、部门联动、社会参与”的气象防灾减灾新格局。要加快推进省政府和中国气象局战略合作协议签订。以吉林粮食大省、生态大省建设为切入点，积极争取各方面对气象防灾减灾工作的支持。要加快推进《吉林省气象信息服务管理条例》《吉林省气象灾害防御条例》等法律法规的出台或修订，不断健全气象法律体系。加强气象科普宣传，引导和鼓励更多社会力量参与到气象防灾减灾工作中，共同守护好白山松水黑土地。

推进研究型业务建设
赋能山西气象高质量发展

胡　博　王智娟　王思懋　程波范　杨　东　史海萍

（山西省气象局）

在庆祝新中国气象事业70周年之际，习近平总书记指出要加快科技创新，做到监测精密、预报精准、服务精细，推动气象事业高质量发展。2022年4月，国务院印发的《气象高质量发展纲要（2022—2035年）》明确要求加快推进气象现代化建设，努力构建科技领先、监测精密、预报精准、服务精细、人民满意的现代气象体系。气象科技创新已摆在气象事业发展的突出位置，全面推进研究型业务建设是贯彻落实习近平总书记重要指示精神的具体行动，是建设气象强国的必然要求，是气象高质量发展的重要保障。

中国气象局党组于2019年将研究型业务列入重大改革发展任务，印发《研究型业务试点建设指导意见》（简称《意见》）。《意见》印发以来，山西省气象局党组高度重视，成立了研究型业务建设工作领导小组，印发了《研究型业务建设工作方案》，围绕"监测精密、预报精准、服务精细"总目标，山西省气象局以业务技术、数据平台、布局流程、人才队伍和体制机制五大抓手全面推进山西省研究型业务建设工作，取得了阶段性成绩。2022年在省局党组安排部署下，通过实地访谈、问卷调查、查阅资料等形式对山西省研究型业务建设工作进行了深入调研，旨在总结成效、分析形势、梳理需求、厘清思路、提出对策，持之以恒推进研究型业务建设。

一、研究型业务现状分析

山西省气象局党组坚持系统观念，加快科技创新，聚焦监测精密、预报精准、服务精细战略目标，引导全省业务人员提高研发能力，促进科研和业务充分融合。通过改革创新体制机制、优化业务布局流程、建设联合科技创新平台、加强业务核心技术攻关、强化信息基础支撑、培养研究型人才队伍等措施，基本建成了科研业务融合、科技创新充满活力、业务发展统筹集约、体制机制保障有力的研究型业务格局。

（一）聚焦科技创新，科研业务深度融合的氛围逐渐形成

完善以业务需求为导向的科研立项机制。针对山西省气象业务工作中亟须解决的重大科学问题和关键技术，建立省级项目申报指南，完善以业务需求为导向的科研立项机制。各市气象局加强科研管理，太原市局推动科研与业务深度结合，形成“业务—科研—业务”的科研机制。忻州、长治、运城市局开展本地创新项目培育工作，立足业务需求设立科研项目。

优化成果转化机制，打造科研业务创新平台。打造山西省科技创新平台，使其成为前沿技术研究和攻关解决业务急需科技问题的创新基地。山西省气科所与中国工程院张小曳院士合作成立“山西省气象局碳中和学术委员会”，推进环境气象和碳中和关键技术发展。打造五台山云物理野外科学试验基地，全面支撑天气、气候、人影等核心业务能力提升。山西省气象学会牵头成立“山西碳达峰碳中和产业技术创新联合体”，探索资源型地区高碳产业低碳发展路径。山西省人影中心筹建人工影响天气山西省重点实验室，进一步提升山西省人工影响天气作业能力与效果。

聚焦关键科学问题，建立健全合作攻关机制。围绕解决山西气象业务发展的重大科技瓶颈问题，联合部门内外优势科技力量集中攻关，与高校、部门及科研院所合作培养高素质适应研究型气象业务发展的人才队伍。省气象台与成都信息工程大学共建客观预报“算法池”。山西省人影中心与北京大学、北京市人影中心合作，开展大气污染成因与控制技术研究，联合中科院大气所等 7 个单位开展了人工消减雾（霾）外场联合试验。山西省气科所与太原理工大学合作开展太原市臭氧和颗粒物污染形成机制与协同调控关键技术研究。

（二）对标监测精密，智能感知的综合观测业务能力不断提升

综合气象观测能力持续加强。建成了要素较为齐全、功能较为先进的综合气象观测系统，从广覆盖、细分辨、高精度、深应用四个维度开展观测系统研究型业务。气候中心推进天气、热点、生态、农业、水体等卫星遥感综合应用体系建设。太原市局开展人工消减臭氧试验。阳泉、临汾市局开展无人机垂直探测系统研究。临汾市局建立了城市通风廊道观测、气象计量实验室等。

推动多源资料融合实况业务评估应用。省气象台建立了标准化实况分析产品评估流程，完成了实况产品的实时显示和自动识别。信息中心实现实况分析

产品的实时质量检验，开展气象要素产品质量评价。吕梁市局定期开展网格实况产品检验评估。阳泉市局开展中国第一代全球大气和陆面再分析产品（简称“CRA”）的高空要素适用性评估。

（三）对标精准预报，无缝隙网格化的气象预报体系更加完善

智能网络预报体系基本建立。省气象台在临近客观外推技术、局地冰雹智能判识技术、分类强对流短时预报技术等方面开展研究。气候中心加强我国第三代高分辨率次季节-季节-年际气候一体化预测模式系统（BCC-CPSv3）产品在预测业务中的应用。气科所利用风云三号卫星数据，构建汾渭平原山西区域大气污染物（颗粒物）趋势预测模型。太原市局依托项目建设推进极端降水关键技术研究。忻州市局依托五台山云物理野外科学试验基地开展区域暴雨数值试验等技术研究。长治、运城市局利用机器学习进行二次开发，为气温客观订正提供依据。朔州市局凝练本地定量化预报指标，增强预报订正能力。

综合检验评估业务逐步形成。进一步完善针对CMA系列数值预报产品、区域高分辨率模式预报、网格客观预报方法和预报产品的精细化检验评估和订正。省气象台引入全流程检验包，开发预警检验评估平台。信息中心从观测、数据、实况、模式、智能预报和数字服务推进业务全链条检验评估。气候中心开展了遥感产品真实性检验业务。

（四）对标精细服务，普惠共享的智慧气象服务能力显著提升

逐步建立以风险预警、影响预报为基础，位置服务、移动交互、精准靶向发布的智慧气象服务技术体系。省气象台完善“六个一”防灾减灾业务平台建设。气候中心构建省市一体的分区域、分作物、分灾种、分环节的智慧农业气象服务体系。服务中心初步建立风电预报模型。人影中心开展了人工消减雾（霾）与人工影响天气新设备外场验证空地联合试验。大同通过“领导驾驶舱”系统提供气象决策支持。太原、大同、忻州、吕梁、晋中、临汾、运城市局开展特色农业气象服务研究。太原、吕梁、阳泉、晋中、长治、运城市局开展重污染天气气象服务。

（五）加强基础设施建设，数算一体的信息支撑平台逐步建立

提升气象大数据云平台本地应用能力，完善气象数据环境，提升数据快捷供给能力。信息中心基于“天擎”大数据云平台，提升业务全链条的协同性、关联性和一致性。省气象台开展客观预报算法云化改造。信息中心开展全省气象业务内网主用线路省级改造。长治市局建立本地科研成果及气象服务数据库和历史

个例库，运城市局建成30年气象资料信息查询系统快捷提供数据检索，支撑气象服务。

（六）强化人才队伍建设，适应研究型业务发展的人才体系逐步形成

气象人才队伍整体素质明显提高。截至2022年年底，本科以上比例达92.7%，比2013年提高24.6个百分点，硕士以上比例达22.4%，拥有博士9人；中级职称以上比例达66.9%，2013年以来新增正高级职称专家44人；大气科学类专业占比为42.3%，气象人才队伍专业结构、学历结构、职称结构不断优化。

高层次人才队伍建设初步见效。入选中国气象局高层次科技创新人才计划4人，在职正高级专业技术人员39人，享受国务院政府特殊津贴在职专家1人。入选地方党委政府人才工程人选1人次。组建山西省气象局创新团队7支，选拔山西气象领军人才8名、气象骨干人才30名、气象优秀人才91名。气象高层次人才队伍规模明显扩大，质量较好提升。

青年骨干人才培养力度不断增强。近几年，先后选派2名青年骨干人才公派出国留学，31名省级、地市级骨干人才到国家级单位访问进修。为重大业务工程选配中青年负责人员4名，选拔培养青年英才45人，中青年骨干人才培养力度不断增强，效果逐渐显现。

二、存在的主要问题

近年来山西省研究型业务建设取得了显著的成绩，但也必须清醒看到，思想认识不够、核心技术不强、人才分配不均、体制机制不够完善等问题仍较突出，主要表现在以下几个方面。

（一）思想认识有待提高，对研究型业务建设要求把握不准确

有些单位还停留在按部就班、如期完成上级部署安排的"必答题"上面，"一体化"意识和"一盘棋"思维仍不够。有些单位没有针对性地、创造性地开展研究型业务建设，对如何答好"自选题"没有更好的想法和特别有效的做法，不能把研究型业务建设转化为本单位的发展优势和竞争优势。

（二）人才分布不均，比例不平衡

近年来，虽然市县级气象部门本科以上占比明显增加，但大气科学专业毕业

人才基本集中在省级单位，硕士以上人才和高级职称专家等专业性人才的分布和比例，各单位之间也存在很大的不平衡和差异性。研究型人才队伍特别是高层次人才力量仍显不足。

（三）核心技术发展缓慢，科技创新能力不足

观测资料的融合应用还不能满足精细化预报服务需要。新一代信息技术的应用不多，大数据挖掘、分析和应用能力普遍较弱，网格预报准确率不足以支撑精准化服务的需要。业务服务产品制作和推送的智能化程度不高。基层气象部门低水平、重复性劳动的问题仍比较突出。

（四）科研与业务结合还需加强

重业务轻研究现象依然存在，科研与业务融合不够。研究方向针对性不强，研究内容、研究成果对实际业务支撑不足。科研项目成果转化率不高，科技创新成果不能有力支撑现代气象业务发展。市县级气象部门缺乏契合研究型业务建设的切入点。

（五）研究型业务建设体制机制尚不完善

科技体制改革制度尚不完善。业务人员班下集中科研制度保障不足，业务人员科研与业务综合考评制度和激励机制还不完善。天气、气候会商作用发挥不足，复盘总结及时性不足，精细分析能力尚待加强。单位的发展需要和业务人员个人发展不能有效统一。

三、建议及对策

（一）提高思想认识，深刻理解把握研究型业务建设重点方向

坚持明确思路，抓住重点，有针对性开展研究型业务建设。坚持核心业务技术研发上收、应用服务下沉的集约化发展思路，通过加强重点领域核心技术攻关、强化信息基础支撑、改革科技创新机制、培养人才队伍等措施，全面提升山西省科技创新能力。聚焦山西复杂地形天气气候影响机理、智能网格预报“二次算法”关键技术研究，以精准预报建设为龙头，带动观测、服务业务发展。

（二）强化机制创新，建立研究型业务新业态

完善科研与业务深度融合机制，聚焦地方政府需求，针对急需解决的问题开

展研究型业务，优化集需求分析、数据加工、效果反馈为一体的智慧服务业务流程，建立集约化智能网格气象预报业务体系，强化强对流天气分类客观预报和0～14 d智能网格气象要素预报业务。完善气象科技创新资源统筹和投入机制，进一步加大科研经费投入，多渠道争取科研项目支持。制定完善科技成果转化办法，推进研究型业务科研成果投入实际业务应用。

（三）加强研究型人才队伍建设，形成科技创新合力

围绕数值预报、人工影响天气、农业气象、双碳等关键领域核心技术攻关需要，着力培养引进各方面高层次优秀气象人才。根据业务发展需求，在全省气象部门遴选青年英才，给予重点扶持、跟踪培养，促使青年人才成长为相关专业领域的科技带头人。转变业务人员传统工作方式，合理减少业务值班工作量，适当增加科研或成果转化应用等任务。优化科研业务人员定常交流机制，加强各级、各单位业务研究人员双向交流，支持基层预报员赴上级业务科研单位、高校等开展进修交流。落实省级预报员每年进行研究和技术总结的时间不少于3个月，市级预报员不少于1个月。

（四）深化对外开放合作，充分利用“外界”资源

充分利用局校合作、局企合作的模式，搭好“戏台”，请进“演员”，利用外部门的技术和能力，为研究型业务注入活力。发挥中国气象局温室气体及碳中和监测评估中心山西分中心、碳达峰碳中和产业技术创新联合体、院士工作站、五台山云物理野外科学试验基地和国家级农业试验站等科技创新平台作用，开展国省联合、省部合作、局市合作，加强与科研机构、院校的合作攻关力度，促进外部科研力量和资源参与山西省研究型业务建设，提升科研产出。

（五）激发创新活力，营造研究型业务发展的良好氛围

加强顶层设计，凝练重点研发需求，集约科技资源，解决“小而散”问题。优化立项机制，实现“自下而上”与“自上而下”相结合，指令性项目与竞争性项目相结合。加大创新人才激励力度，建立以创新质量、贡献、绩效为导向的分类评价体系。对积极推进成果转化并在业务服务中取得显著成效的主要贡献者，在人才评价、绩效激励等方面给予倾斜。树立科技工作者先进典型和榜样，加大宣传力度，不断加强科研诚信和学风作风建设，营造研究型业务良好氛围。

福建数智气象服务　促进气象赋能产业发展

潘敖大　林卫华　胡　恒　涂治招　马嘉佳

（福建省气象局）

一、调研目的

深入贯彻落实习近平总书记关于“气象工作关系生命安全、生产发展、生活富裕、生态良好，做好气象工作意义重大、责任重大”的重要指示精神和国务院印发的《气象高质量发展纲要（2022—2035年）》第四方面“提高气象服务经济高质量发展水平”专章中实施“气象＋”赋能行动的要求，聚焦数字经济、海洋经济、绿色经济、文旅经济和粮食安全，积极推进气象服务领域智慧化改造，加快气象服务线上线下深度融合，深入了解森林康养产业提质、水稻制种优化壮大、气候资源开发利用、特色现代农业发展、城乡人居环境提升、文化旅游发展合力、丝路海运航线、海上牧场、海上风电等重点领域服务需求，研究提出福建省智慧气象服务数字化转型赋能特色产业发展的发展思路和对策建议，扎实推进“一省四区”建设。

二、调研方式

调研组由福建省气象局党组书记、局长潘敖大带队，应急与减灾处、省气象台、信息中心、服务中心及相关设区市气象局同志参加，采用实地调研、座谈与电话调查相结合等方式进行。年内调研组分赴福州、三明和宁德等地开展实地调研，召开专题座谈会，就气象赋能产业发展分别听取有关领导、部门主管、基层和企业代表的服务需求和建议，通过收集资料、查阅文献等方式，同时了解湖北和广东等省份在气象赋能方面的经验和做法。

三、气象赋能产业发展现状

近年来，省委、省政府高度重视气象工作，全面贯彻落实习近平总书记关于气象工作重要指示精神，坚持“一张蓝图绘到底”，推动气象事业高质量发展，促进气象赋能产业发展，取得明显成效，主要从数智气象服务、生态气象服务、海洋气象服务和特色气象服务等四个方面助力产业发展。

（一）数智气象建设赋能产业发展

一是气象服务数字化基础设施建设不断上新台阶。依托数字福建（长乐）产业园和省政务数据汇聚共享平台，把智慧气象数字化转型发展融入防灾减灾、城市大脑、城乡、交通安全等指挥体系建设。进一步织密海陆空立体“气象数据网”，通过云化改造提升气象服务“三库”数据资源池，为森林防火、交通、旅游、农业等12个行业部门300多个应用场景提供7大类、924种气象服务产品。

二是气象数智服务助力防灾减灾成效显著。建成从分钟到季节的智能网格预报预测业务，建立开放式的智慧气象服务数据平台，创建集约化气象服务共享数据超市，提供网络化气象服务，气象灾害损失减损率位居全国前列，气象服务公众覆盖率达95％以上。

三是数字气象融入城市大脑，实现安全管理效率提升。组织在福州市、厦门市开展“数字气象”城市示范建设，推动数字化、智能化的气象预警信息融入城市交通、地铁指挥体系和城市网格化管理，促进交通事故“减量控大”。打造“数字气象精灵”智慧平台，助力水系科学调度。

四是数字气象纳入乡村惠农惠民服务行动。组织在宁德市下党乡、赤溪村开展“数字气象”乡村示范建设，探索实践数字气象与村务、农务、商务融合发展，让乡村企业、农户获得“好气候带来好效益”幸福感。

五是数字气象纳入宜居宜养城市规划建设。省气象局与三明市气象局、自然资源局联合研究城市气象安全，厦门市气象局与厦门大学联合研究提出构建城市通风廊道的技术参考和理论依据，用于城市排水防涝、国土空间开发规划、缓减城区热岛效应等领域，有效提升了城市社区建设的舒适度。

（二）生态气象赋能生态省建设

一是坚持服务生态优先，减灾避害。龙岩市气象局将长汀水土流失治理与乡村振兴紧密结合，研发长汀水土保持生态气象服务平台，并利用卫星遥感资料开展精细化服务，改进降水侵蚀力推算模型，助力全县水土流失率从31.5％降至6.78％，实现从“火焰山”到绿水青山的蜕变。莆田市局提供莆田市木兰溪全流域分段式精细化气象服务。《关于近二十年木兰溪流域生态气候变化情况的报告》获得莆田市政府全体领导批阅肯定。省气象局开展火险天气预测预报技术研究，为森林火灾提供气象服务保障。

二是坚持绿色低碳发展，提质增效。建设福建武夷山国家气候观象台和武夷山国家公园气象台，打造武夷山国家公园“天地空一体化的观测典范”，助力武夷山国家公园入选第一批国家公园名单。同时加强应对气候变化科技支撑，成立中国气象局温室气体及碳中和监测评估中心福建分中心，被列入省政府“双碳”工作领导小组成员单位。

三是坚持绿色价值创新，加氧添福。围绕生态文明建设和乡村振兴，打造优质气候品牌。打造武平等10个“天然氧吧”城市，发挥气象趋利优势，盘活生态宝库，助力康养产业。打造大田县济阳乡等65个“清新福建・气候福地”，旅游接待人数平均增长23.42%，旅游总收入平均增长24.83%。打造“天气气候景观”网红打卡地，全国首创德化九仙山雨云海景观最佳观赏期预报。泉州局在2021年1月5日发布雨雾凇预报，据统计7—9日雨雾凇过程期间，九仙山旅游风景区较往年雨雾凇过程期间直接经济效益增加约260万元。

（三）海洋气象助力蓝色经济发展

一是赋能海上牧场等传统产业升级。建设连江、三都澳等地特色优势水产养殖产业气象服务示范基地，建立健全鲍鱼、大黄鱼和海带等养殖关键期气象指标体系、服务规范或技术手册。建成海上预警综合服务交互系统，联合发布台湾海峡渔业气象海况预报，在宁德三都澳精准服务渔民和养殖户约2.7万人。

二是助力丝路海运。研发多卫星遥感监测海雾、赤潮、海温等多项新技术，在全国率先绘制“21世纪海上丝绸之路”海温监测图，覆盖中国东南海滨至西太平洋、印度洋、孟加拉湾等海域。创新开展厦门港、釜山港等5座港口航线气象导航测试评估，推出全国72条“丝路海运”航线船队实时监控和气象海况预报服务。厦门灯塔气象观测站每年为5万艘次进出港的中外船舶提供“慧眼”，实现覆盖远洋、海港、腹地的全链条全天候气象保障。

三是助力海洋文旅发展。出台《气候资源评价滨海旅游度假》行业标准。持续深化霞浦三沙日出日落、平潭北港蓝眼泪等福建特色滨海旅游气象服务，其中平潭观星气象服务获全省“五小”创新大赛三等奖，据统计，“蓝眼泪”概率预报产品和等级指数预报准确率达75%。让游客从无目标地碰运气，变成有科学指引的追泪，游客量大幅增长，为平潭打造国际旅游岛延伸了春季旅游季。北港村支书陈松柏说：“2021年全村旅游收入迈上新台阶达3300万元。旅游纯收入占当年农民人均纯收入的30%。”

四是助力海洋能源产业。研制高精度福建省海域风能资源分布图，深化重大工程气候可行性论证，实施霞浦、南日岛、长江澳、大练岛等8个海上风电场热带气旋风险评估，全省海上风电利用小时高达3500～4000 h。研发海上风电智慧气象服务平台，实现三峡福建分公司海上风电厂区天气预报、预警和24 h热线等保障服务，建立常态化气象服务保障业务。中海福建天然气有限责任公司专门致信感谢莆田市秀屿区气象局为6万吨级的“闽鹭”轮等多艘船舶进港卸货提供能源保供精细气象服务。

（四）特色气象植入乡村振兴

一是强化全链条气象保障。开展农业气象灾害风险区划。评估福建复杂地形下不同地域、不同等级农业气象灾害风险，为农业合理布局和防灾减灾提供了气象依据，显著提升了农业风险管理及风险转移的决策水平。在春耕春播、夏收夏种、秋收秋种等关键农时，开展分区域、分作物、分灾害的全链条精细化气象服务，首次联合农业农村厅共同发布农业气象灾害风险预警产品。积极推广使用“知天气APP”“农气宝APP”等直通式农业气象信息服务。

二是强化特色农业保障。大力推进1个国家级、2个省级特色农业气象服务中心建设，建立全省“一张网”的农业气象格点客观产品体系与业务流程，研制热带水果（香蕉、青枣等）低温寒冻害等级指标和花期高温影响阈值，提升果树气象灾害精细预警技术，构建了青枣、芒果气候适宜性指标，编印百香果高优栽培技术手册等。其中《南方特色果树关键气象保障技术研究与应用》成果获2021年度福建省科技进步二等奖，并在福建、云南、广西等6省区推广应用，仅近3年减损增效超14.36亿元。

三是强化水稻制种保障。国、省、市、县气象和农业部门专家深入田间开展农情调查和直通服务。依托省自然基金项目，研制两系不育系6个不同育性转换起点温度、7个时段杂交水稻制种精细气候区划，空间分辨率30 m×30 m，提升福建省杂交水稻制种气候风险分析技术、时空择优技术等。据建宁县农业农村局效益证明显示：通过应用《气象灾害防御重点单位气象安全保障规范》，2021年累计减少损失250万元。CCTV-1在《端牢中国饭碗》种业振兴系列节目中提到为建宁县水稻制种提供精准气象服务。

四是激发金融支农创新动能。推动“气象＋保险”金融创新服务，率先在全国人保财险系统内落地“农业保险气象信息应用平台”，共设计完成35个特色农产品（茶叶等）气象指数保险产品、36个农业巨灾（台风、暴雨等）气象指数保险产品，提供约4200万元风险保障金。“福建省农作物种植天气指数保险项目”荣获农业农村部“2019年度金融支农创新奖”、中国人寿财险“2019—2020年度产品创新奖”,“农作物气象因子保险”荣获“福建十大金融创新项目”奖。

四、存在的不足和短板

(一)气象赋能产业发展政策引导和宣传力度不够

气象数据服务与经济社会发展各领域的深度融合支撑还不够。对气象从传统的政府主导服务到市场服务还缺乏较深的认识。

(二)气象服务人才队伍建设还有差距

基层气象台站的人才队伍建设还存在人少事多、缺乏复合型人才(气象+科技)、学历不高、编外用工人员存在素质参差不齐等问题,导致出现工作积极性不高、数据分析准确性不高等现象。

(三)台湾海峡气象立体化精密监测能力不足

气象探测领域装备科技支撑能力不足,缺乏关键气象监测数据的气象预报技术研发,不能满足海上养殖、远洋气象导航、航线航运、滨海旅游等产业发展的需求。

(四)气象服务产业在优质气象服务产品和服务供给模式工作方面创新不够

目前气象服务供给主体多元化的发展趋势很明显,但福建省高校科研院所、民营科技公司、企业进入商业气象服务领域的还比较少,缺乏像墨迹天气、华网科技、智天气等提供气象服务的民营气象企业。在气候资源开发利用上,核心技术研发力度还不够,如风能太阳能利用、气候可行性论证和生态气候产品价值实现程度偏低。

(五)“气象+”赋能经济社会高质量发展的现代化水平不足

智慧气象数字化转型发展推进力度不够,气象服务各行业、产业发展的市场主体不够,宣传影响力也不广,一定程度阻碍了气象数字化、智慧化服务能力的提升。

五、对策建议

促进福建省气象赋能产业发展工作,需要全省气象部门做好更具赋能产业发展的科技支撑工作，提供更加精准的预报和精细的服务。

（一）完善法规规章，加大宣传力度，保护气候资源

尽快推动出台《福建省气象灾害防御办法（修订）》《福建省气候资源保护和利用条例》《福建省人工影响天气条例》等法规规章，明确政府各部门在气象灾害防御、气候资源监管、人工影响天气等职责职能，积极防范应对气象灾害及其次生灾害，采取有力措施应对和适应气候变化，充分发挥福建独特气候资源优势，促进经济社会可持续发展，维护福建生态安全，实现气候资源的有效保护和合理开发利用。

（二）遵循自然生态规律，科学规划产业发展布局

建议省发改委、住建厅、自然资源、生态环境等部门加强需求调研，提供与气候条件相关的城乡规划、重点建设工程、重点区域性经济开发项目和大型太阳能、风能等气候资源利用项目的气候可行性论证报告，对气候可行性论证的项目实行目录管理，找准产业对气象服务需求的切入点，根据用户要求提供精准气象服务。

（三）激活气象数据潜能，发展数字气象服务产业

建议由省发改委牵头，气象、国资、工信、市场监管等部门联合，建立健全福建省气象数据产权保护政策，支持福建省建设气象数据服务资源平台、监管平台，规范、统一气象数据共享服务出口。大力推进数字气象产业化，整合气象服务的“国家队”“地方军”和民间力量，加强专业互补，加强气象系统科技特派员及其团队服务力度，多渠道支持气象开展产业赋能科技攻关。创新拓展气象服务产业的应用技术，针对不同适用群体，精准开发更加便捷高效的气象服务设备和产品，打造统一开放、竞争有序的气象服务市场，重点在气象数据共建共享、激发市场主体活力等方面发力，释放远洋导航、航空、能源、金融等气象数据价值潜力，将气象数据融入“数字福建”体系，赋能数字、海洋、绿色、文旅经济高质量发展战略。

统筹发展和安全两件大事 构建抵御自然灾害防线

——黄河流域中心城市极端灾害防御能力调查研究报告

张洪广　刘爱梅　尹承美　张永婧　马　明

（山东省济南市气象局）

习近平总书记在深入推动黄河流域生态保护和高质量发展座谈会上特别强调“要加快构建抵御自然灾害的防线”。2021 年郑州的一场特大暴雨，给黄河流域中心城市[①]极端灾害[②]防御敲响了警钟。为深入贯彻落实习近平总书记重要讲话精神，黄河流域各中心城市气象局组成联合调研组，分析极端气象灾害[③]防御面临的形势、存在的问题，提出了筑防线、补短板等对策建议。

一、提高极端气象灾害防御能力，是黄河流域中心城市面临的重大共同课题

（一）全球气候变暖背景下，黄河流域气象灾害呈多发重发趋势

联合国政府间气候变化专门委员会第六次评估报告指出，在全球气候变暖的背景下，自 20 世纪中叶以来已观测到许多极端天气气候事件的变化。我国也是世界上高温热浪、干旱、强降水、台风等极端天气气候事件发生频率与强度较高的国家之一。

整体处于中纬度的黄河流域，东西高差悬殊，地形地貌差异大。受大气环流

① 黄河流域中心城市，指济南、郑州、西安三市，城市排序按照行政区划顺序。

② 极端灾害，指具有超出历史极值、超出经验估计、超出防御能力、多灾种叠加等特点的灾害。

③ 数据显示，1990—2019 年这 30 年，全球 91.6%的重大自然灾害、67.6%的人员因灾死亡、83.7%的经济损失和 92.4%的保险损失由气象及其衍生灾害引起，因而本文注重极端气象灾害防御调研。

和季风环流影响的情况较复杂，水资源时空分布不均，旱涝灾害交替发生。黄河流域中心城市极端天气气候事件多发、重发、频发的趋势更加明显。据统计，济南、郑州、西安三市年降水量、暴雨日数、平均气温等均呈增长趋势，年降水量每10年增长接近或超过50 mm。

仅就极端暴雨来看，2007年济南“7·18”大暴雨最大1 h降雨量151 mm，创下了济南小时降雨量记录；2021年郑州“7·20”特大暴雨最大1 h降雨量相当于郑州1个月的累计降雨量；2021年西安“8·19”大暴雨3 h降雨量142.4 mm（为历史3 h累积降水量极值），超过年均降雨量的五分之一。

（二）大城市快速发展，黄河流域中心城市承灾能力暴露出许多薄弱之处

大城市是人口和经济要素聚集地，近年来随着城市的快速发展，气象灾害的暴露度和脆弱性日益增大。受城市特殊下垫面影响，气象灾害的突发性、极端性、不可预见性随之进一步加强。

济南、郑州、西安都是人口千万级、地区生产总值万亿级、城镇化率七成以上的特大城市。城市人口规模和面积不断增加，黄河流域中心城市自然灾害暴露度和脆弱性相应增大。城镇易涝点、地质灾害隐患点、山洪沟、中小河流和中小水库都普遍较多，人口密集公共场所都在上千处，重点旅游景区济南、西安近百处。

自然灾害的极端性加剧了应对自然灾害的脆弱性。随着城镇化率不断加大，大城市地下空间、超高层建筑物等设施对于气象条件更加敏感，所带来的风险隐患日趋增加。经普查统计，黄河流域中心城市小时雨量超过20 mm，有些地方会有轻度的内涝；小时雨强超过30 mm，部分地方会有比较明显的内涝；小时雨强超过40 mm，下穿通道等易内涝点会有较严重的内涝。若防汛排涝措施不到位，将影响交通正常运营，甚至造成财产损失和人员伤亡。如何做好大城市防灾减灾，统筹大城市发展和安全，将是黄河流域中心城市面临的重大挑战。

（三）相对一般气象灾害，黄河流域中心城市极端气象灾害对人民生命财产安全的威胁成倍增大

随着经济社会的快速发展，我国气象灾害造成的经济损失占GDP比例已经由2012年的0.65%下降至2021年的0.29%，这与我国近年来不断提升预报预警和防灾减灾能力有关。这说明一般自然灾害是能够有效防御的，由此又进一步突显极端气象灾害对人民生命财产安全的威胁是巨大的。

郑州"7·20"特大暴雨是具有典型极端特征的过程,暴雨极端性强,是近年来我国内陆地区气象灾害死亡人数较多的一次;济南近20年来由自然灾害造成的直接经济损失年际变化两个峰值出现在2007年和2019年,分别由"7·18"大暴雨和台风"利奇马"特大暴雨两次极端暴雨造成,其中"7·18"大暴雨造成37人死亡,与近20年除此以外的其他自然灾害造成的死亡总人数相当。

二、郑州"7·20"特大暴雨灾害以来,黄河流域中心城市在提高防灾减灾能力上做了大量工作

2021年10月22日,习近平总书记在济南主持召开深入推动黄河流域生态保护和高质量发展座谈会时强调,要"补好灾害预警监测短板,补好防灾基础设施短板"。黄河流域各中心城市深入贯彻落实习近平总书记重要讲话精神,从工程措施和非工程措施两个方面开展了大量工作。

(一)均进行了复盘反思整改

三个城市的市政府及市防指都召开了多次专题会议,要求各单位对照开展查漏补缺。济南市委书记主持召开全市防汛工作调度会,市委督查室下发《关于严格落实各项防汛措施 确保安全度汛的紧急通知》。市防汛抗旱指挥部组织相关部门研究制定了《济南市移植郑州"7·20"暴雨超标准洪水防汛预案》。郑州市委、市政府在进行复盘反思的基础上,研究通过了《关于加强应急管理体系和能力建设的意见》,印发《郑州市贯彻落实国务院灾害调查组〈河南郑州"7·20"特大暴雨灾害调查报告〉整改方案》,并完成问题整改。西安市委、市政府组织各部门吸取郑州"7·20"特大暴雨灾害教训,印发《加强和改进防汛救灾工作实施方案》,对全市防汛相关人员进行灾害防御知识培训。通过复盘反思,各市各级党委政府、有关部门的防灾减灾意识都有所增强,对短板弱项问题都有了一定的梳理。

(二)均新订修订了相关规划和制度

济南印发了《关于应对灾害性天气紧急避险工作的实施意见》《济南市突发事件总体应急预案》《济南市气象灾害应急预案》等,多部门联合印发了《济南市应急广播信息发布管理暂行办法》《关于进一步做好小区电子显示屏传播气象预报等信息的通知》。郑州先后出台《郑州市"十四五"应急管理体系和本质安全能力建设规划》《关于进一步加强应急避难场所工作的实施意见》等系列文件;印发

《郑州市人民政府关于加强郑州国家中心城市气象保障工作的意见》《郑州市暴雨天气"131631"预报预警工作机制》等政策法规文件。西安大力推进《西安市气象灾害防御条例》修订；印发了《西安市自然灾害救助应急预案》《进一步强化以气象灾害预警信息为先导的暴雨应急联动机制的通知》《西安市气象灾害应急预案》等应急预案和办法。通过新订修订相关制度，一定程度上明确了各级各部门职责和应对灾害时所采取的措施，但是这些制度和措施是否有效，还需要在实战中检验。

（三）均加大了基础设施补短板建设力度

济南开展"两清零一提标"和城市内涝治理工作，实施城市防洪除涝能力提升行动，完善地下空间防洪设施，加强防洪排涝设施管理和设施运营维护。郑州积极推进海绵城市建设，构建完成"31382"防洪防涝规划体系，系统治理城市内涝。西安组织开展地下管线整治，构建基于"三水"（天上来水、地面积水、地下排水）的城市内涝风险监测预警"一张图"。补好城市防灾基础设施短板非一时之功，短时间还难以看到明显进展。

（四）均强化了监测预警能力建设

济南已建成垂直观测系统，启动了黄河流域中心城市气象灾害精细化监测预报工程，规划建设高分辨率垂直观测系统、超高分辨率天气预报系统。郑州建成地基遥感垂直观测系统，开发了短时快速同化预报预警等系统平台，启动了郑州市精细化监测预警能力提升工程建设。西安实现高精度相控阵雷达全域监测；建成首套城市梯度观测站，开发建设快速循环同化系统，形成临近、短时和短期智能网格预报全覆盖。三市均按照中国气象局的部署要求，建立了重大气象灾害"直通式"报告制度、临灾"叫应"制度。灾害性天气监测预警能力有所提升，但是监测的精密度和预报预警的精准度，还远远不能满足防御极端和突发气象灾害的需要。

（五）均成功应对了2022年以来的极端天气

2022年以来，三个城市分别经历了暴雨、洪涝、高温、大风、强对流等极端天气过程。三市党委政府及应急、防汛部门科学指挥，强化值班值守、联合会商、联防联动和应急处置，济南、西安未出现因灾人员死亡，郑州守牢了不发生群死群伤的金标准。成功应对2022年极端天气，既有人努力的因素，也有天帮忙的成分，所以在防灾减灾尤其是应对极端气象灾害方面还不能掉以轻心、麻痹大意。

三、坚持问题导向和系统观念，加快构建黄河流域中心城市抵御自然灾害一排防线

从调研情况看，黄河流域中心城市在构建抵御自然灾害防线上，仍然存在一些不容忽视的问题，需要高度重视并着力加以解决。

（一）着力解决复盘反思深刻性与黄河流域中心城市防御极端灾害需要有差距的问题

目前的复盘反思大多停留于就灾害论灾害，就防灾论防灾，未深入研究城市发展理念、战略规划等深层次问题。应对极端灾害的意识不够强，一些领导干部仍存在经验主义。为此，建议各市要在“思”字上求深入，从战略层面上重视极端气象灾害防御。要牢固树立“人民至上、生命至上”的理念，把保障人民生命财产安全放在防灾减灾的首位，把应对极端气象灾害放在统筹城市发展与安全的优先位置，重点谋划、高点推进。要克服经验主义，树立底线思维和极限思维，依靠科技、依靠法治增强极端气象灾害防御能力。

（二）着力解决体制机制健全度与黄河流域中心城市防御极端灾害需要有差距的问题

气象灾害防御地方性法规制度不够完善，集中统一指挥调度还没有完全形成，气象灾害防御重点单位责任不够明确，影响了综合防灾减灾“战斗力”的形成。为此，建议各市要在“制”字上求完善，健全极端气象灾害防御机制。各级各部门各行业都应制定气象灾害专项应急预案，并设置极端气象灾害场景及其应对举措。建立面向党委政府主要领导的重大天气过程直通式报告机制。建立健全未设气象机构的区（功能区）气象防灾减灾机制。建立健全以预警信号为先导，具有法律约束力的部门应急联动机制和社会响应机制。建立健全红色预警信号自动停课、停业、停工或调整工作时间等相关机制。

（三）着力解决基础设施承灾抗灾能力与黄河流域中心城市防御极端气象灾害需要有差距的问题

2022年以来各市在抵御自然灾害基础设施建设上的投入虽有较大增长，但城市原有防灾体系年久失修、老化，城市快速发展和部分工程建设挤占城市水系、泄洪排涝通道等问题还没有彻底解决。为此，建议各市要在“实”字上下功

夫，提升基础设施对极端气象灾害的承灾抗灾能力。及时修订暴雨公式及城市生命线设施的灾害防御标准，提高城市防汛排涝标准。要坚持系统治理，对城市山水林田湖进行系统修复和严格保护，提高自然生态系统极端气象灾害适应能力。在老城区改造当中，要优先高标准改造防洪排涝设施，在新城区建设当中，要优先高标准建设防洪排涝体系和雨水循环利用。

（四）着力解决社会动员参与度与黄河流域中心城市防御极端灾害需要有差距的问题

当前，在防灾减灾上政府承担了大量责任，各部门的职责也在逐步调整，但企业、公众和其他社会资源调动不够，作用发挥不够。为此，建议各市要在“治”字上成合力，增强全社会风险意识和自救互救能力。借鉴安全生产“三管三必须”的原则，进一步明确政府、行业、企业和社会公众的防灾减灾责任。鼓励社会各界参与防灾减灾工作，支持社会资本投资建设防灾减灾基础设施。广泛开展防灾减灾科普宣传和安全教育，推动防灾减灾救灾知识进企业、进机关、进学校、进社区、进农村、上网络。做好舆论引导和媒体宣传，建立极端气象灾害信息优先传播机制。发挥保险、金融在灾后恢复重建和灾害损失补偿中的积极作用。

（五）着力解决监测预警能力与黄河流域中心城市防御极端灾害需要有差距的问题

监测预警是有效应对防范极端气象灾害的第一道防线。黄河流域中心城市极端气象灾害，特别是局地强天气的监测仍有不少空白，提高极端气象灾害监测预报预警能力极为迫切。为此，建议各市要在“预”字上提能力，加快实现监测精密、预报精准、预警精细。要加快构建全市域、多灾种、高密度的综合立体监测网，建设高分辨、多尺度气象灾害预报系统和多灾种早期预警系统。高标准建设国家突发事件预警信息发布系统，提升极端气象灾害及次生衍生灾害的分灾种、分区域、分时段、分强度、分影响预警能力，实现极端气象灾害早预警、广发布、快响应。

（六）着力解决中心城市对其他城市的示范带动作用不够突出的问题

防大汛、抗大灾必须要有高站位、大格局。黄河流域中心城市在综合防灾减灾，特别是极端气象灾害防御方面，仍然存在“就市论市”的情况，上下联动、区域联防、流域联合的理念和机制远未形成。为此，建议黄河流域中心城市要在“示”字上走在前，在极端气象灾害防御上做示范。要在贯彻“人民至上、生命至上”理念上、在完善防灾减灾体制机制法制上、在补好防灾基础设施短板上、在严格保护城市生态空间和泄洪通道上带好头、做示范。黄河流域中心城市之间,要加强合作交流,共享经验、共享资源、共享成果,推动黄河流域城市群极端气象灾害防御能力整体跃升,使城市安全更有保障,城市发展更可持续。

大气科学NSFC资助布局变化对气象科技管理的启示和建议[①]

王卓妮　匡　钰　李婧华　周　圻　张　萌　武欣蕊　韩国琳

（中国气象局气象干部培训学院）

以人工智能、大数据驱动等技术为特征的新一轮科技革命正在蓬勃发展，新的科学研究范式或将形成并对整个科学体系产生深远影响。大气科学作为地球科学的动力核心，肩负着推动以“地球系统科学”引领地球科学研究范式转变的重任。“基础研究是整个科学体系的源头，是所有技术问题的总机关”。大气科学，不仅在科学基础研究领域，而且在前沿技术的开发应用领域，发挥着越来越重要的作用。为此，我国国家自然科学基金（简称“NSFC”）作为国家资助基础研究的重要渠道，紧跟世界科技发展潮流和战略人才力量发展需求，2020年选定大气科学（D05）作为学科代码调整的试点领域，快速推动了资助布局变革，以最大限度释放和激活基础研究所蕴藏的巨大潜能，以更好地应对新形势下学科发展所面临的挑战。

本调研报告的目的是通过搜集和分析NSFC在大气科学学科资助布局现状和历史变化，梳理和总结有关专家对学科发展和资助布局的见解，以便为加强气象科技管理、优化大气科学资助布局和促进学科发展提出政策建议。报告的数据主要来自NSFC大气科学（D05）项目数据库（1986—2021年）与针对D05代码调整和资助布局抽样调查的分析结果。

① 资助信息：国家自然科学基金项目“大气学科国家自然科学基金资助布局及其动态变化分析——以2020版申请代码为视角”（批准号42142009）。

致谢：感谢许小峰研究员、贾朋群研究员、杨萍研究员、吴捷副研究员等领导专家在问卷调查、现场调研和报告成稿过程中的悉心指导和帮助。

一、NSFC 对 D05 的资助与成果

（一）资助规模

中国基础科学全面发展的一个重要标志，是 1986 年国家自然科学基金委员会（简称“基金委”）的建立，以及从该年开始基金委地球科学部（简称“地学部”）开始资助大气科学基础研究项目。30 多年来，D05 二级学科代码经历了 3 次演变（表 1），基金项目推动了我国大气科学研究的持续进步。立项数量和资助经费均出现两个快速增加的台阶：一是 2000 年开始，5 年立项数量从 40 项左右增加到 120 项左右；二是 2010 年前后，年项目数再次突破 200 项并快速增加到 300 项以上。

表 1　1986 年以来 NSFC 项目大气科学（D05）二级学科代码的演变

<table>
<tr><th>代码</th><th>1986—2006 年</th><th>2007—2018 年</th><th>2019 年</th><th>2020 年至今</th></tr>
<tr><td>D0501</td><td>大气物理学</td><td colspan="2">对流层大气物理学</td><td>天气学</td></tr>
<tr><td>D0502</td><td colspan="3">边界层大气物理和大气湍流</td><td>气候与气候系统</td></tr>
<tr><td>D0503</td><td colspan="3">大气遥感和大气探测</td><td>古气候学</td></tr>
<tr><td>D0504</td><td>中层大气物理学</td><td>中层与行星大气物理学</td><td>中高层与行星大气物理学</td><td>大气动力学</td></tr>
<tr><td>D0505</td><td colspan="2">天气学</td><td>天气学与天气预报</td><td>大气物理学</td></tr>
<tr><td>D0506</td><td colspan="3">大气动力学</td><td>大气化学</td></tr>
<tr><td>D0507</td><td>气候学</td><td>气候学与气候系统</td><td>气候学与气候预测</td><td>生态气象</td></tr>
<tr><td>D0508</td><td colspan="2">数值（天气）预报与数值模拟</td><td>气候系统</td><td>行星大气</td></tr>
<tr><td>D0509</td><td colspan="2">应用气象（学）</td><td>人类活动与气候变化</td><td>大气观测、遥感和探测技术与方法</td></tr>
<tr><td>D0510</td><td colspan="2">大气化学</td><td>数值预报与数值模拟</td><td>大气数据与信息科学</td></tr>
<tr><td>D0511</td><td>行星大气学</td><td>云雾物理化学与人工影响天气</td><td>资料同化及应用</td><td>大气数值模式发展</td></tr>
<tr><td>D0512</td><td>大气环境</td><td>大气环境与全球气候变化</td><td>应用气象学</td><td>地素系统模式发展</td></tr>
<tr><td>D0513</td><td>气象仪器</td><td>气象观测原理、方法及数据分析</td><td>大气化学与大气环境</td><td>气候变化及影响与应对</td></tr>
</table>

续表

代码	1986—2006 年	2007—2018 年	2019 年	2020 年至今
D0514	-	-	云雾物理化学与人工影响天气	大气环境与健康气象
D0515	-	-	大气观测原理、方法及数据分析	应用气象学

（二）资助项目的学科分布

天气学、大气动力学、应用气象（学）是 1986 年以来始终保留的代码，展示了大气科学在前沿基础研究和应用技术研究中的双重地位。生态气象、大气数据与信息科学、地球系统模式发展等，是 2020 年新设的代码，试图响应研究范式转变对大气科学的影响。2021 年，分支学科、支撑技术、发展领域三大板块的项目数占比分别为 69.8%、17.3%、11.7%。2020—2021 年，D05 共有 802 个项目获资助立项，项目资助经费为 54646 万元，其中分支学科占 71.3%，而气候与气候系统（D0502）资助额最高，天气学及大气化学、大气物理学等紧随其后。

（三）资助项目的论文成果

2009 年以来，NSFC 大气科学资助论文数量快速增加，总量达 1.9 万篇。资助论文主要发表在 Q1、Q2 区期刊，占比从 2009 年的 65.6%上升至 2021 年的 82.9%。5 成以上大气科学项目 SCIE 论文属于气象和大气科学领域。2020—2021 年 NSFC 资助的 782 项 D05 项目共发表 SCIE 论文 680 篇。NSFC 资助大气科学论文质量较好，学术影响力稳步提升，大力推动了学科发展。第一作者机构统计数据显示，中国科学院大气物理研究所、南京信息工程大学、中国科学院大学、中国气象科学研究院和南京大学位列发文量前 5 位。

二、大气科学学科代码调整蕴含着新的机遇和挑战

（一）NSFC 对大气科学（D05）的资助呈下降趋势

生态文明时代的到来，NSFC 自 2018 年启动了新一轮改革。地学部新设环境地球科学（D07），从而形成了与地理科学、地质学三足鼎立之势，其中，偏重资源与环境领域研究的地质学资助强度增长较快。

面上项目、青年科学基金项目（以下称“青年基金”）和地区科学基金项目（以

下称“地区基金”)是NSFC资助的10多种项目中最稳定的类型,三类项目(即面地青项目)资助经费约占年总经费的7成。2021年,D01、D02和D07的资助经费占比居前3位。如此,在地学部中,地球化学(D03)因有两个二级学科代码(60%以上资助经费)调整到环境地球科学(D07)成为资助体量最小的学科(约占地学部的5%)。在剩余的D04、D05和D06中,D05资助体量最小,且近年呈明显下降趋势。

(二)D05二级学科话语权不平衡

近10年来,深化对气候学和气候系统的认识,是大气科学研究的前沿和热点。就面地青项目,2012—2019年,申请D0502项目最多,占大气科学三类项目数的30%,比居第二位的D0509高15个百分点。

无论是从资助率和资助经费配置角度,二级学科话语权不平衡的问题依然存在。大多数二级学科的资助率呈下降趋势。在大多数年份,D0502、D0504、D0505和D0506的资助率高于D05整体水平,2020—2021年,D0501、D0504和D0506出现了强势上升。

面地青项目的资助经费配置不均衡。2012年,各二级学科资助经费占比在0.5%~31.3%,近10年来差距在缩小,2021年在0.2%~19.1%。D0502一枝独秀,但近两年大幅下滑,这是因为2020年D05申请代码调整后,二级学科增加到15个,资助布局变化试图解决逻辑结构不自洽、分支学科不完整以及与地球科学顶层设计脱节等问题,把申请热点领域分散到不同代码之下。如“气候变化”作为7个代码(即D0502、D0503、D0505、D0507、D0510、D0513、D0515)的研究方向名称或关键词,发展领域(D0513、D0514和D0515)成为气候变化的新阵地。D0501、D0504等资助占比在D05整体下降情况下仍呈上升趋势。2021年,D0501和D0504面地青项目资助金额占大气科学面地青资助总额的比例达近10年高点,分别为7.6%和10.5%,可见二者在D05的核心地位。但是,省级气象预报骨干反映,很难申请到D0501等代码的项目。气象部门在近10年面地青项目中D0501立项数占比呈下降趋势,而高校在上升。

(三)大气科学面向新发展格局

NSFC推动二级学科平衡发展的目标是显而易见的。代码新调整后,D05代码在内容的体系性和结构性等方面显著提升。通过增加二级代码,分散资助强度高的学科(如D0502和D0505),通过划分三大板块,持续支持以D0501和D0504为重点的“分支学科”的稳定发展,加强新兴“支撑技术”迎接新一轮革命,以及促进大气科学与社会科学深度交叉而着力壮大“发展领域”。

课题组面向 2019—2022 年 D05 项目申请人开展了问卷调查和现场访谈。478 份问卷主要来自气象部门(气象科学研究院、国家气候中心、气象干部培训学院,以及院八所及其所在省级气象局)、中科院大气所、高校(清华大学、南京信息工程大学、成都信息工程大学、中山大学、兰州大学、云南大学等)等三类机构的科研骨干。经检验,问卷抽样可以较充分地代表总体的特征。样本覆盖了 D05 的 15 个学科代码。82.9%的被调查者在近 3 年申请过国家自然科学基金项目,45.4%的被调查者近 3 年参加过评审,97.8%的被调查者是 D05 的评审专家。

关于代码变更。95.6%的被调查者认为在申请项目时申报书与所选学科代码很匹配或比较匹配,而且职称越高、参加过评审的专家更偏向于不修改当前代码(即满意当前新代码)。7 成学者认为 2020 年的 15 个代码方向优于之前 13 个代码。近 9 成人员认为应 5 年内调整一次学科代码,83.7%的人员认为学科代码设置应基于基金委各级战略布局,引导性、全覆盖划分成学科领域。

关于资助布局。数据表明,青年项目和面上项目的资助率应提高至 30%左右(2021 年分别为 16%和 17%);青年项目资助强度保持在 30 万元/项,面上项目提高至 76 万元/项(2021 年为 60 万元/项)。68.6%的人员认为 D05 的发展还需更多资助;55.7%的人员认为应该在大气科学应用方面加强资助,反馈和推进基础研究;36.4%的人员认为与生态学等的交叉学科应加强资助;22.2%的人员认为应该加强地区、联合基金渠道,让基础研究有更多转化机会;13.6%的人员认为应多学习西方做法,分配更多资金支持机构或团队建设。对于未来资助方向,56.9%的人员希望在分支学科增加资金投入,27.0%的人员希望加强支撑技术的资助;申请天气学(D0501)的被调查者占 10.5%,但是建议加强天气学资助的学者占 12.4%,居第二位。

关于学科发展。分支学科作为学科的前沿和知识体系的“骨架和主体”,应推动大气数值模式发展,特别是数值模式在气象预报预测中的应用评估,应加强地球系统模式发展,增强对资料同化、模式物理过程等以及台风动力学和天气动力学等方面的资助。在天气学方面,加强天气预报技术或短期气候预测、极端天气气候预报技术发展、高影响天气等方面的研究。在前沿技术板块,加强人工智能/智能预报方法、大数据气象学等方面的研究。在发展领域板块,推动社会科学与自然科学的交叉发展,特别关注碳中和与气候变化、气候变化经济学、气候治理、气象与能源科学、气象灾害风险等方向在大气科学领域的深度融合。未来,进一步结合大气科学的学科属性,明确大气学科代码的定位,不仅要保持知识体系的稳定性,还要鼓励先进技术与方法的创新,与国家经济、社会发展的重大需求紧密衔接。

三、大气学科代码新布局对气象科技管理的启示与建议

（一）联手NSFC共同提高大气科学的资助规模，推进大气学科的发展

近30多年来，D05在NSFC的立项数量和经费规模上实现了成倍增长，但是在地学部的竞争中，不论是项目增长速度还是资助经费比例，都呈现了令人担忧的下降趋势。作为大气科学基础研究和应用研究的主阵地，气象部门进一步加强与NSFC高层对话，强调大气科学在地球科学乃至新一轮科技革命中的动力地位，积极呼吁NSFC稳定并增大D05资助规模，进一步做强做大气象联合基金并争取更多NSFC配套资金。在基金项目成果及其转化业务应用成效等方面，与NSFC地学部建立政策咨询渠道。同时，参考NSFC其他联合基金做法，将气象联合基金在重点支持项目基础上，增设培育项目、集成/中心项目和青年人才培养专项，形成四类项目体系。

（二）借鉴基金资助特征优化气象科技项目布局，与基金形成优势互补

NSFC以推动二级学科的平衡发展为目标构建大气科学发展新格局。当前使用的学科代码布局倾注了科学界的心血，问卷调查显示，当前的代码得到了申请人和评审人的认可。根据基金资助结构（二级学科分布）和资助规模（资助率、资助强度等指标），建议在以下几方面给予重点支持，与NSFC形成优势互补。一是加强对国内外大气和气候科学研究进展分析和战略研究，对具有重要政策意义但研究薄弱领域加大支持力度，增加中国科学家的国际竞争力。二是加强国内模式的发展自主性，其在国防和军事安全中的作用随着中国国际地位的提升而越发重要。对地球系统模式发展，如区域地球系统模式，地球系统模式中参数化方案的改进，多圈层数值模拟等前沿问题予以重视。三是持续支持大气动力学的资助，保持经费增长势头以鼓励创新。大气科学是以数学、物理、化学等为基础的生长学科。大气动力学的创新发展是大气科学成为地球科学发展最超前学科的关键。

（三）优化气象科技管理，帮助和鼓励气象青年的学术成长

问卷数据显示，越来越多的专家呼吁加大对青年科学家的科研资助，特别是

支持青年学术生涯的早期工作。气象科技项目应给予青年的学术成长以更广阔的空间和平台，课题设立以青年能力水平而非课题组及平台资源作为决定因素。参照美国国立卫生研究院（NIH）等机构设立“早鸟计划”，以支持毕业 5 年内的博士开展科研，参照 NSFC 的青年科学基金项目仅资助一次，向基层气象部门从事预报、观测等业务工作的青年适度倾斜。调查还发现，过去几年，通过重点研发计划等项目，国家支持了地球系统模式发展（D0512）的研究，但较少形成实际能用的软件产品并应用到气象业务。气象科技评价不以发表高水平论文为单一标准，在更利于业务发展和成果转化应用上进一步完善评价机制。

减灾司关于与自然资源部地质勘查管理司联合开展湖南地质灾害气象风险预警服务实地调研的报告

王亚伟[1] 张 迪[1] 陈静静[1] 徐 辉[1] 刘 倩[1]
熊自力[2] 顾钰昱[2] 肖锐铧[2] 苏永超[2]

(1. 中国气象局;2. 自然资源部)

为深化地质灾害气象风险预警合作,自然资源部地质勘查管理司、中国气象局应急减灾与公共服务司组成联合调研组,赴湖南开展地质灾害气象风险预警服务实地调研,研究其递进式气象预警模式在其他省份推广的可行性及方法路径,为两部门深入推进基层地质灾害气象风险预警合作提供经验和借鉴。

一、湖南地质灾害气象风险预警及响应的做法和成效

暴雨诱发的滑坡、泥石流等地质灾害已成为湖南自然灾害中造成人员伤亡的主要"杀手"。近年来,湖南省气象局强化暴雨客观精准预报技术研发攻关,探索调整暴雨短临预警业务链条,初步建立了"631"递进式(6 h 预报、3 h 预警、1 h 叫应)气象预警服务模式,与地质灾害防治部门建立业务融合与应急联动机制,地质灾害防御取得明显成效。

(一)打造"631"递进式气象预警服务模式

一是加强降水监测和精准预报业务科技攻关。研发逐 6 min 滚动更新的 1 h 定量降水估测(QPE)格点实况产品,实现了湖南范围 1 km 分辨率降水的精密监测。研发 0～1 h、0～12 h、1～3 d 的 5 km 分辨率的降水客观化预报产品,实现了暴雨落区的精准预报。二是打通"631"递进式气象预警服务链条。2017 年,省气象局开始探索调整暴雨短临预警业务链条;2019 年实现了业务链条重构,初步建立了递进式气象预警服务模式;2022 年,按照中国气象局"质量提升年"任务要求,进一步完善递进式预警服务模式,对 0～3 d 的气象预报预警服务业务内容进行细化,即提前 3 d 发布重要警示信息、提前 1 d 发布精准到县的省级

预警、每6 h滚动发布精准到县的暴雨落区预报、提前3～6 h发布精准到乡镇的预警信号、提前1 h发布精准到乡村的临灾警报。重要警示信息属地服务，重在提醒省市县防汛责任人提前进行工作部署；省级预警和暴雨落区预报精准到市县，重在提醒市县安排防汛值班值守和隐患排查；预警信号精准到县乡，重在提醒县乡村开展巡查防守；临灾警报精确到乡村，重在提醒乡村组织群众避险转移。三是规范气象预警叫应机制。湖南省气象局印发《强降雨叫应服务规范》，规定达到相应标准后，省市县三级气象部门内部开展协防叫应，同时向党政领导和防汛抗旱指挥部门、应急、自然资源、水利、城建等部门以及重点乡镇开展决策叫应。省地质灾害防治工作领导小组办公室印发《强降雨期间地质灾害防治技术导则》，严格落实强降雨预警叫应响应，利用电话、"村村响"喇叭、铜锣、上门告知等方式将预警信息告知到户到人。凡是电话未接通或信息未回复的，当地迅速组织人员上门告知提醒，确保预警信息叫应形成闭环。

（二）联合推进省市县协同开展地质灾害气象风险短临预警及联动机制建设

两厅（局）在前期共同建立的短时到中期时效的地质灾害气象风险预警产品体系基础上，2022年联合推进将"631"递进式气象预警服务模式全面融入省市县三级地质灾害防治工作，力争把预警推到底，避灾打通"最后一公里"。一是各级自然资源部门联合气象部门严格落实"6 h预报、3 h预警、1 h叫应"机制，开展区域和时间递进式预警，预警区域逐步精确到乡镇，预警时间从24 h到1～3 h实时发布短临临灾预警。各地收到预警信息后，密切关注降雨情况，安排专人对临水临坡临沟临崖等危险地带和地质灾害隐患点进行巡查，根据降雨实况，及时电话提醒当地人民政府启动预案，做好紧急避险工作。二是围绕递进式气象预警服务，自然资源部门形成了"省级预警、市级二次研判、县统筹、乡管理、村组织、户监测"的六级递进式地质灾害自我监测、实时预警、协同防治管控机制。省市县三级自然资源部门探索建立了"三三工作法""挪床行动"等地质灾害防治的有效经验做法，成为多级协同、部门联动开展地质灾害防御工作的有力抓手。三是加大"技防"装备保障资金投入，截至2022年7月，已在全省近3000处地质灾害专业监测点建设完成降雨量和土壤含水率等普适型专业监测设备共12000余套，着力提升精准防御、分级转移支撑保障能力。四是试点先行。益阳市作为国务院普查办确定的风险普查评估与区划阶段"一省一市"试点市，已完成全市522处地质灾害隐患点"一张图""一张表""一份台账"数据库管理。岳阳临湘市羊楼司镇作为自然资源部门地质灾害精准预警和避灾转移试点，科学、精细划分地质灾害风险单元，以“人防＋技防”推动隐患点和风险区的点面双控，合理设置地质灾害监测设备提高风险早期识别和预报预警能力，按风险点分类实施风险管控，精准发布预警预报和避险转移信息，针对相应风险等级的居民分类实施转移避险，力争在地质灾害面前“零”死亡，形成可推广复制的防御响应及避险转移经验。

（三）推进地质灾害气象风险短临预警精准靶向发布

一是为支撑基层一线防汛抗灾调度能下好先手棋、打好主动仗，研发了气象监测预警智能终端（天气盒），在421个乡镇和707个县直单位部署，可以实时直观查看雨情水情、预报预警、雷达等信息；研发了“拇指天气”小程序并在防汛责任人中推广，目前上线1.33万人，可以实时查看雨情水情、专题材料、预报预警和雷达监测等信息。二是将全省88万临坡切坡建房户全部纳入突发事件预警信息接收对象，通过12379平台向预警区域内切坡建房户和相关责任人员精准靶向发送短临预警信息。三是将基于通信大数据精准靶向发布系统应用于地质灾害气象风险短临预警发布，向预警区域内社会公众发送短临预警信息。

（四）共同践行“人民至上、生命至上”，地质灾害气象风险联合预警成效显著

一是合作机制畅通完善。湖南省气象局和省自然资源厅（原国土厅）认真落实部际合作精神，2003年两厅（局）即建立了部门合作关系，2004年联合签署“关于联合开展地质灾害气象预警预报工作协议书”，每年两次召开厅局合作联席会议，推动双方合作取得实效。截至目前，94.4％的市县两级气象与自然资源部门建立了合作机制。二是联合科研提高产品内涵。两厅（局）加强基础科研投入，联合推进全省1∶50000地质灾害与气象风险详细调查与区划、地质灾害致灾降雨阈值分析、地质灾害气象风险预警业务系统、地质气象耦合预警预报系统、递进式预警服务业务等科技攻关，相关成果全部投入业务，为精细化地质灾害气象风险预警奠定了基础。三是联合预警成效显著。2004—2022年，湖南省气象局和自然资源厅共联合发布24 h地质灾害气象风险预警714期，发布地质灾害短临预警信息2030批次，成功避让了2864次群发性地质灾害，挽救了10万人因地质灾害可能造成的伤亡，极大减轻了地质灾害可能造成的财产损失，切实践行了“人民至上、生命至上”，为政府部门服务社会公众树立了良好形象。2003年全省因地质灾害死亡人数由2002年的539人降至123人，2004—2018年每年死亡人数低于100人，近3年每年死亡人数则降至10人以下。四是多起

成功避险案例可在全国推广。2016年7月17日，湘西自治州古丈县默戎镇龙鼻村及时转移撤离群众500余人，创造了零伤亡的"默戎奇迹"。2022年5月3日，湘西自治州保靖县清水坪镇客寨村滑坡成功避险，撤离群众1户6人，房屋倒塌未造成人员伤亡。2022年6月3日03时，益阳市桃江县大水田村因强降雨造成山体滑坡，导致1间房屋全毁、1间房屋严重受损和车辆受损，因地质灾害短临预警及时，2户9人避险转移，无人员伤亡；同日03—06时，怀化市沅陵县盘古乡3 h降雨量达到161.3 mm，乡党委政府根据联合预警信息，在暴雨来临前将丑溪口九校及其周边4户15人进行了紧急转移，有效避免了人员伤亡。

二、调研的主要体会及工作建议

（一）湖南"631"递进式气象预警模式可在全国推广

调研组感受到，湖南"631"递进式气象预警模式有效应用了短临客观预报预警技术攻关成果，构建了直达省市县三级领导决策层的服务模式，确保了灾害性天气过程不空不漏，防汛措施上更具针对性，同时更是争取了有效的时间和空间，在全省汛期防灾抗灾救灾工作中成效显著，得到地方各级党委政府、有关部门和社会公众的普遍认可。省领导批示："气象部门递进式预警服务非常精准"，《人民日报》、《光明日报》、《中国气象报》、湖南卫视、《湖南日报》、《三湘都市报》、红网等主流媒体近年先后报道了气象部门递进式预警服务模式在防汛抗灾中的重要作用。

（二）以试点为契机推动两部门在地质灾害防治领域新一轮的技术和业务融合创新

调研组了解到，中央财政每年全国地质灾害防治经费50亿元。近年来，自然资源部大力推进地质灾害监测站建设，监测指标包括震动、倾角、加速度、位移、雨量、土壤含水率计等，已建成站点2.5万个，预计2023年还将建成2.2万个。调研组在实地调研中看到了基于1∶10000地质灾害调查结果，综合考虑了地形地貌、地质条件、地质灾害隐患点分布等因素的市级地质灾害风险区划图；看到了综合考虑切坡建房等人为因素造成地质灾害风险隐患的镇级精细化地质灾害隐患和风险区划图；看到了根据风险位置、房屋结构等制订的村级地质灾害风险住户分类管控信息表；看到了为高风险住户家中安装的自动警报和转移反馈装置，等等。这些都为进一步提高地质灾害气象风险预警和发布的针对性、精准度、及时性提供了更加多源的信息和装备支撑。

（三）深化湖南地质灾害气象风险预警工作的建议

调研组在调研中也发现了一些问题，比如，地质灾害监测站中的雨量观测设备与国家标准不一致、地质灾害监测和1∶10000地质灾害调查、自然灾害综合普查成果等信息尚未实现共享和跨部门应用、国省两级地质灾害气象风险预警产品存在不一致、预警发布策略随着技术和业务的发展还有待于进一步精准和优化等。因此建议，一是加强雨量观测设备的统筹规范建设。两部门联合开展雨量观测设备的优化布局建设，加强降雨观测设备标准的规范化和降雨观测数据的标准化，提升降雨观测数据在两部门联合开展地质灾害气象风险预警中的可用性和有效性。二是加强地质灾害隐患点监测数据的共享和应用。两部门加强全省布设的普适性监测设备和雨量计的监测数据共享，运用基于大数据人工智能技术深度挖掘位移、含水率、倾角、降雨等监测数据在地质灾害临灾预警中的有效预警作用，进一步提升"人防＋技防"专业化水平。三是加强1∶10000地质灾害调查和自然灾害综合普查成果的业务应用。按照"边普查边应用"的原则，加快推进1∶10000地质灾害调查和自然灾害综合普查成果在地质灾害气象风险预警业务中的应用，将相关数据引入地质灾害气象风险预警模型为市、县级定制开发精细化的地质灾害气象风险监测预报预警产品，进一步提升地质灾害气象风险监测预报预警业务的针对性、时效性和精准度。四是加强国省联合科技攻关，促进地质灾害气象风险预警业务和产品的衔接。国省两级业务单位针对重大预警技术难点开展联合攻关，共建基于智能网格气象预报的从短临到短中期、延伸期的无缝隙地质灾害气象风险预警业务，建立地质灾害气象风险预警产品"一张网"，确保各级气象部门制作发布的地质灾害气象风险预警产品一致性。

三、下一步工作计划

（一）推动地质灾害气象风险预警在两部门基层的深化合作

加强可应用于模型计算的格点或站点数据共享，打好精细化预警的数据基础。两部门聚焦自身主责主业，分别从降雨预报和地质灾害预警方面双向发力，提升地质灾害气象风险预警的科技水平。根据两部门科技研发进展，进一步推进市县级地质灾害气象风险预警模型和系统建设，提升地质灾害风险预警的科学性和精准度。

（二）支持湖南省气象局继续推进递进式地质灾害气象风险预警服务

结合湖南省1∶10000地质灾害风险调查和自然灾害综合风险普查成果基础，选取1～2个递进式地质灾害气象风险预警试点市，充分发挥“631”递进式气象预警服务效益，深入开展典型地区降雨诱发地质灾害成因机制和动态致灾阈值研究，试点开展面向更精细行政单元和地质灾害高易发区的气象风险预警业务，建立分时效、分级别、标准化风险预警产品体系，探索建立国家级业务单位指导、省市县协同的地质灾害气象风险预警业务流程。开展地质灾害气象风险预警服务效益评估。

（三）组织国家气象中心加大技术支持和业务推广力度

深度挖掘市县自然灾害综合风险普查成果和地质灾害隐患点监测数据在地质灾害气象风险预警中的作用，研发基于智能网格预报的地质灾害动力统计一体化预报模型，并推动在试点省市落地并开展本地化应用和检验；牵头制订国省市县地质灾害气象风险预警技术标准规范，提高试点成果推广的普适性。

关于建立以气象灾害预警为先导的应急联动机制研究

王鹏祥

（河南省气象局）

围绕建立健全以气象灾害预警为先导的部门应急联动机制和社会响应机制开展调研，探索暴雨等重大气象灾害高级别预警信息停工、停课、停业的社会高效联动响应机制，优化灾害性天气递进式决策气象服务体系，为践行以人民为中心的发展思想，加快健全气象防灾减灾新格局，提高社会应急联动的科学性、有效性提供决策建议。

一、调研工作开展情况

（一）调研基本组织情况

广泛调研全国气象灾害预警应急联动机制建设情况，结合河南省市县三级应急联动机制现状，边学习边调研边建设边应用，在2022年汛期气象服务中发挥了积极作用。

一是学习政策。学习了习近平总书记关于防灾减灾“两个坚持三个转变”部署安排和对气象工作的重要指示精神，学习其他国家领导人对防灾减灾的重要指示批示精神。学习党中央国务院、省委省政府一系列关于防灾减灾的政策意见和中国气象局关于应急联动机制建设文件精神。

二是广泛调研。通过网上查询、电话咨询、传阅文件等方式，广泛调研全国31个省、自治区、直辖市和香港、澳门特别行政区的应急联动机制建设现状，详细查阅学习广东、浙江等沿海省份防灾减灾体制机制，气象法律法规和气象灾害预警、预防、联动、防御、指引等文献10余万字。

三是梳理分析。整理分析法律法规、社会效益和应急预案与气象条件相关性，气象灾害预警与预警信号标准及二者区别，气象灾害防御指南可行性，多部门联动条件和标准，多部门指引建设情况等内容，逐渐明晰以气象灾害预警为先导的应急联动机制建设思路，为结合河南实际，建设多部门联动和全社会响应机制奠定基础。

（二）相关业务规范要求

2021年8月，中国气象局印发《关于推动气象灾害预警联动机制建设的通知》，2022年6月，应急管理部和中国气象局联合印发《关于强化气象预警和应急响应联动工作的意见》，7月，中国气象局办公室印发《气象预警制作发布与应急响应联动工作能力提升工作方案》。全国各地气象部门认真贯彻落实，突出问题导向，勇于探索实践，加强合作协同，在推动建立以气象灾害预警为先导的应急联动机制方面取得了明显成效。

（三）相关法律法规依据

《中华人民共和国气象法》为气象灾害预警发布、传播和应急联动提供了法律依据，对气象灾害预警发布和传播的主体作了规定，对以政府为主导、部门和个人参与的气象灾害防御职责和分工提出了要求。《气象灾害防御条例》明确要求县级以上地方人民政府、有关部门应当根据气象灾害防御规划，结合本地气象灾害的特点和可能造成的危害，组织制定本行政区域的气象灾害应急预案；并根据灾害性天气警报、气象灾害预警信号和气象灾害应急预案启动标准，及时作出启动相应应急预案的决定。《国家气象灾害应急预案》的印发，进一步细化了气象灾害事件防范和应对的指挥体系，从监测预报、预警发布、应急处置、恢复重建等气象灾害事件全链条各个环节，分灾种、分级别细化了部门职责。各省（区、市）政府均制定了本地区气象灾害防御政府规章，对有关气象灾害预警制作发布和部门、社会联动等方面的内容进行规定。

二、河南工作开展情况

（一）气象灾害预警联动机制建设法规基础不断完善

通过人大立法和政府发文，河南气象灾害防御及预警机制具备较好的法规基础和行政管理体系。2009年7月出台《河南气象灾害防御条例》，2010年2月发布政府令《河南省气象灾害预警信号发布与传播办法》，2007年下发《河南省人民政府关于加强气象灾害防御工作的意见》，2010年印发《河南省人民政府办公厅关于印发河南省气象灾害应急预案的通知》,2011 年下发《河南省人民政府办公厅关于加强气象灾害监测预警及信息发布工作的意见》,并印发《河南省人民政府关于成立河南省气象灾害应急指挥部的通知》。

2022 年,积极推动省人大常委会审议通过《河南省气象信息服务条例》(简称《条例》),首次将"建立以气象灾害预警为先导的联动机制、建立灾害性天气的防灾避险制度"等写入法规,推动高级别预警信息"三停"依法依规自动触发。《条例》中"气候可行性论证作为风险防范前置条件、健全气候生态产品价值实现机制"等填补了法律空白。2022 年 7 月 18 日,王凯省长签发《河南省气象灾害防御重点单位气象安全管理办法》,压实气象灾害防御重点单位职责,推进气象灾害风险转移制度落实。

(二)气象灾害预警联动深度融入全省防汛减灾体系

通过完善省级应急预案体系,把暴雨预警作为防汛应急预案的启动条件之一。建立健全以气象灾害预警为先导的多部门联动和全社会响应机制,气象预警融入应急、水利、自然资源、住建、交通、电力、通信等 13 个部门专项预案,并细化到"一流域一案、一水库一案、一市一案、一县一案、一乡镇一案、一村一案"。全面落实《应急管理部 中国气象局关于强化气象预警和应急响应联动工作的意见》,省防指印发通知强化气象预警与应急响应联动。省市县气象部门作为防汛指挥部和气象灾害防御指挥部副指挥长成员单位,牵头负责气象服务保障工作。

省政府气象灾害防御及人工影响天气指挥部指挥长由省政府分管负责同志担任,指挥部办公室挂靠省气象局,指挥部办公室建立了重大气象灾害《内部明电》发布机制。2022 年 5 月修订印发《河南省气象灾害应急预案》,明确发布预警或启动应急响应后,18 个部门需采取的联动措施和行动。

(三)气象灾害预警联动广泛对接社会响应机制

郑州等 16 个地市与宣传、应急、通信、广播电视等联合发文,建立完善本级重大气象灾害预警信号全网发布机制。洛阳、新乡、濮阳、焦作、信阳、平顶山等地市防指印发应对重大灾害性天气"五停"工作指引。开封市防指印发暴雨红色预警条件下实行停课停工停业措施的指导意见。南阳市自然灾害应急指挥部印发自然灾害防范应对"五停"工作制度。洛阳市防指印发暴雨灾害防御指南(社会公众篇、防指及职能部门篇)。省委组织部将气象知识纳入各级领导干部培训必备内容,建立常态化机制。省委宣传部、省科协等联合发文,加强气象科普工作,形成了"首席说天气""同上一堂课"等气象科普"六进"品牌。

三、深入分析与思考

(一)气象业务技术支撑基础及不足

气象灾害监测预警业务在国、省、市、县四级全面开展,逐步形成了“递进式预报、渐进式预警、跟进式服务”业务布局。建成了国家突发事件预警信息发布平台,初步形成“一纵四横”的预警发布业务体系,搭建全媒体立体传播网络,实现广播、电视、互联网新媒体等多渠道发布预警信息。各级气象部门通过国家突发事件预警信息发布系统开展预警信息发布工作,形成预警信息发布矩阵,预警信息公众覆盖率逐年攀升,2021 年达 96.9%。

深入分析问题和不足。一是气象灾害预警信息的精准度和提前量与防灾减灾精细化管理的需求还有差距。预警发布流程比较烦琐,压缩了有限的预警信息提前量;对极端性、局地性、突发性天气过程的预报预警把握能力有待加强,基于影响和风险的预警能力还需提升,气象衍生和次生灾害的联合预警能力还需进一步加强。二是预警信息发布的及时性和覆盖度还有待进一步提高。部分地区预警短信发送速率较低;显示屏、大喇叭等实体发布资源利用率不高;基于位置的预警信息全媒体快速精准发送能力较弱,基于移动基站的预警广播技术应用还存在政策和技术障碍;各类新型互联网社交媒体虚拟发布资源利用还有待进一步挖掘。

(二)气象预警应急联动机制运行及不足

近几年气象灾害预警应急联动机制运行良好,以防灾减灾决策气象保障服务为重点,向省委、省政府及时报送重要天气报告,提出决策建议和防范措施;指挥部下发《内部明电》,提前向各省辖市人民政府、指挥部成员单位通报灾害性天气预报情况,安排部署防御工作。在 2016 年“7·19”、2018 年“温比亚”、2020 年“史灌河”、2021 年“21·7”等重大防汛抗洪气象保障服务中充分发挥了气象防灾减灾第一道防线作用。

深入分析问题和不足。一是基于气象灾害预警的部门联动机制仍需完善,气象灾害应急预案体系与部门融入不够,各部门根据不同类别、不同级别预警的措施还需细化落实,防御不及时或过度防御的情况时有发生;基于气象阈值的风险预警联动机制覆盖面仍需扩展。二是法规性、强制性的应对措施仍需在社会公众防御中进一步落实落地。已有的法律和规章制度在实际执行中还存在落实不严、落实不细、落实不实的问题。公众自我防范意识存在短板，对预警信息无视或忽视；以红色预警为先导的停工停学停产停运机制还停留在部门预案和文件中，没有上升到政府法规规章。

（三）进一步梳理分析与思考

气象灾害预警联动机制建设是一个不断完善的过程，通过进一步梳理分析和思考，有以下几方面需高度关注。

一是法制相对滞后，缺乏顶层设计和整体统筹。由于认知水平等一系列因素，气象防灾减灾形势快速发展，此前制定下来的法律对于新出现的新情况可能有顾及不到之处。与法律配套的法规制度不完善，造成在气象防灾减灾实施中漏洞和不便。法治思维存在误区，在气象防灾减灾协作配合上缺少制度性渠道和常态性阵地，没有形成“一盘棋”的格局。联动协作有时依靠部门之间的私人关系，而非法治制度，造成在应急处置中出现“越位”或“缺位”现象。

二是经费投入偏低，缺乏人才技术和有效保障。气象预警应急联动机制建设中存在“重建设、轻管理”问题。长期以来，大家习惯重硬件、轻软件。表现在工作中，就是“重建设、轻管理”。比如，一个城市建设再多的道路，如果没有交通管理、交通规则，交通拥堵就不可避免。下雨天，同样的道路、车流量，却比平日拥堵，看似天气原因，实为特殊天气下车主们交通规则意识变弱、管理跟不上导致。投入偏低，就会造成高科技支撑方面经费保证不足，也难以保障系统高效运行。

三是部门联动壁垒，缺乏专业化和常态化基础。部门联动壁垒问题本质上是部门间存在的沟通障碍，包括信息沟通、资源共享、职责交叉、综合协调等方面的不足，特别是缺乏专业化和常态化基础支撑。在气象预警应急联动各环节中，对预警理解、应急处置、防灾避险等专业化水平的提升是有效应对联动的必要条件，人们的总体专业水平越高，在气象灾害来临时，我们就能够最大限度地实现减灾。同样，常态化的联动机制更有利于实现畅通渠道，更有利于增进各部门或单位的了解和理解，更有利于实现“合力一处”应对形态，从而达成最佳的防灾减灾效果。

四是思想认识落后，缺乏风险意识和自救意识。对气象灾害风险盲目无知，看不见或忽视背后潜在的各种风险。心存侥幸，轻视对可能降临的风险的管理，直到风险突降，才悔不当初，可一旦风险过去，却又好了伤疤忘了痛，侥幸如故。囿于局部经验而高估应对风险和化解风险的能力，轻敌麻痹，因而不认真做管理风险的精神、物质和组织准备。凡事只往成功和好的可能方面想，而看不到事情失败或种种坏的可能性，对坏的可能甚至最坏的可能不愿设想，不作分析打算，更不做任何防范的准备。

四、工作意见与建议

一是加强气象灾害应急法规建设。通过国家有关法律法规修订，进一步明确预警先导机制中政府、部门、社会、公民的法律权利和义务，压实政府和相关部门的责任。健全气象灾害应急响应和处置体制机制，根据气象预报预警组织做好重大气象灾害防御组织工作。

二是加强气象业务基础能力建设，不断提高气象灾害预报预警的精细度、准确率和提前量。加强灾害性天气生消演变机理的科学研究，提升预警信号的时效性和科学性。利用深度学习、人工智能等新一代信息技术发展和优化灾害性天气短临预报技术，提高预报预警的精准化、客观化水平，提升客观预警信号生成时间的提前量。

三是加强部门协调联防联动。明确气象预警联动部门职责边界，夯实部门协调配合的基础。分清气象灾害防御主次责任和主办、协办关系，把流程节点界定清楚。强化部门间的信息资源共享，建立以政府为核心的一网统管应对平台，通过信息化手段提高信息传递效率，提升信息资源共享，进一步融化部门壁垒。

四是加强气象防灾减灾科普宣教。将气象科普、气象灾害防御典型案例纳入新任职党政领导培训内容，提升领导科学指挥防灾减灾和紧急避灾能力。依托“3·23”世界气象日、“5·12”防灾减灾日、科技活动周等，以及微信、微博、抖音短视频等手段，广泛开展气象防灾减灾知识宣传，提高群众防范气象灾害和主动避险的意识。

基层气象部门纪检监察体制改革试点工作的思考与实践

余观林　潘锡飞　曲澍桦

（江西省景德镇市气象局）

近年来，景德镇市气象部门在强化专责监督方面取得了一些成效和基本经验，但仍存在监督主体贯通融合不强、市县监督一体化不够、有力有效监督举措不多等问题。为探索推动各层级监督有效贯通、层层加强，进一步贯通上对下的领导，理顺并强化从上到下的监督体系，调研组通过线下调研和线上68份问卷调查等方式，以全市气象部门改革为例，从基层改革现状分析、探究存在问题及原因、探寻行之有效的对策路径，并在实践中摸索完善，形成调研报告。

一、立足新形势新要求，分析全市气象部门纪检改革工作现状

（一）纪检干部队伍情况

现有专兼职纪检干部8人，市局4人，县局4人，均为本科学历，其中30～40岁4人、41～50岁2人，占比75%，整体倾向年轻化。专业方面，气象类5人、会计类2人、信息技术类1人，与纪检关联性不高。

（二）改革工作情况分析

综合分析，对“四责协同”正确了解的占93.85%，不清楚的占6.15%。认为配齐县级监督员对加强基层监督作用明显的占76.92%，作用一般的占21.54%，作用不大的占1.54%。认为市局专兼职纪检干部发挥作用很好的占52.31%，38.46%认为较好，9.23%认为一般。38.46%认为县局分管纪检工作领导发挥作用很好，41.54%认为较好，18.46%认为一般，其他占1.54%。

从对当前市局纪检工作来看，83.08%认为促进了全市气象部门工作规范，70.77%认为监督举措在有效加强，60%认为市局党组推动纪检监察体制改革

试点工作有力，52.31%认为每季度以纪检工作简报形式主动接受监督比较好，也有21.54%认为纪检专责监督和各科室职能监督合力还不够，10.77%认为监督方式比较单一、作用不大，6.15%认为纪检工作与实际工作相脱节，看起来热闹，但效果不佳。

从对当前导致改革试点工作存在问题来看，大部分干部职工认为直接原因主要是工作方式方法、兼职现象严重和思想认识等问题。另外还有如专兼职纪检干部发挥作用不够、个别党员存在不愿被监督倾向，习惯照搬上级文件、缺乏创新意识等方面。

大部分职工认为落实“1＋1＋1＋X”（市局对接纪检干部＋县局分管领导＋监督员＋相关职能科室人员）监督模式中“X”发挥职能监督主动性不够，重制度建立轻督促落实次之，再后依次是县局专兼职纪检干部在培训上无法跟进、重专责监督轻职能再监督、重市局轻县局。对于促进改革成果在落地着力点方面，大部分职工认为要进一步明确各级监督主体的任务、细化责任清单（84.62%）；其次是进一步加大市、县两级纪检干部的培训力度，提升履职能力（73.48%）；持续在“解决什么人监督、解决如何去监督、解决去监督什么、增强‘不想腐’的自觉”上下功夫（63%）；加强对制度落实的监督检查并强化问责和进一步完善修订相关监督制度（均为60%）。

二、对标新形势新要求，发现全市气象部门纪检改革工作存在的问题

（一）监督主体贯通融合不强

对“四责协同”中“四责”不太了解的有6.15%，21.54%认为纪检专责监督和各科室职能监督合力还不够，30.72%认为重专责监督轻职能再监督，44.62%认为落实“1＋1＋1＋X”监督模式中“X”发挥职能监督主动性不够。总体来看，各级监督主体在形成监督合力上还有差距；存在过多依赖专责监督情况；职能科室抓职能监督主动性不够，在加强对基层履行职能监督方面有差距。

（二）市县监督一体化不够

要“整合市、县两级监督力量”有73.85%。69.23%认为要“建立健全市对县监督举措”。69.23%认为市局纪检组加强对县局专责监督对规范基层县局非常重要。21.54%认为当前推动纪检改革存在重市局轻县局。84.62%认为要进一步明确各级监督主体的任务、细化责任清单，73.48%认为要进一步加大

市、县两级纪检干部的培训力度，提升履职能力。总体来看，市县在落实“1＋1＋1＋X”监督模式上一体化不够，“坐、等、靠”现象仍然严重，市、县两级监督主体在职责任务上界线存在不清，同向发力在一体上意识还不强。

（三）有力有效监督举措不多

69.23％认为“建立健全市对县监督举措”，10.77％认为“监督方式比较单一，作用不大”。认为“习惯照搬上级文件，工作缺乏新思路、新举措、新办法”的有27.69％。认为促进纪检监察体制改革成果在落地上的着力点方面，进一步完善修订相关监督制度的有60％。持续在“解决什么人监督、解决如何去监督、解决去监督什么、增强‘不想腐’的自觉”下功夫的有63.08％。总体来看，监督举措在基层落地上还有差距，监督举措在接地气方面还不够，形成“四责协同”的监督机制还不全。

三、盯准新形势新要求，分析全市气象部门纪检改革工作存在问题的原因

（一）思想认识还不到位

从认识层面上看，党组织层级越高重视程度越高，市局党组、党组纪检组、市局专兼职纪检干部对纪检监察体制改革试点工作的认识较强，普通干部职工认为业务工作才是自己的本职工作，纪检工作是纪检干部的工作，没有从更高的站位和全局的角度思考纪检是为气象事业高质量发展提供坚强纪律保障的角度去思考，对“四责协同”“职能监督”“专责监督”等还缺乏深刻认识。

从关注焦点上看，单纯业务观念仍起支配作用，有的职能科室同志认为监督是纪检的事，基层个别同志把监督当作“被要求”完成的政治任务，认为气象业务工作才是中心，对纪检工作深入研究得少，存在以会议落实工作的现象。

（二）市县一体化统筹性不够

全市气象部门现有的监督体系存在系统性、协同性不够。市局党组虽然高度重视纪检工作，每年安排部署全面从严治党工作有部署、有计划、有要点，但构建“对上负责、对下领导、对下强化”系统性、全方位格局不够。在推动自上而下贯通联动，推动各层级监督存在递减现象，纪检机构在与党支部、职能科室的监督统筹衔接，推进党内监督与其他监督、纪检专责监督与其他监督的贯通融合还存在“缝隙”。

（三）能力制约工作水平

从人力配置上看，目前，除市局纪检组长外，其他纪检干部均由市局科室相关人员或县局分管领导兼任，其纪检工作能力良莠不齐，往往自觉或不自觉地重履行主体责任轻监督责任，在纪检上投入的时间和精力不足，存在顾此失彼现象。

从工作能力上看，纪检工作质量不高制约着专责监督水平，兼职纪检干部大多没有经过专门系统的培训和锻炼，对纪检工作缺少系统的学习和全面的掌握。本身开展工作的能力还需提升，在学用结合上理论指导实践有差距，在运用党的新理论、新论断、新要求指导工作实践、推动工作落实、务求工作实效、促进业务发展方面有待加强。

从工作热情上看，党员干部特别是年轻干部不愿从事纪检工作，纪检干部一般认为业务工作是实实在在可细化量化的，故而更专注业务提高，对纪检工作缺乏热情、思考和钻研。

（四）激发内生动力不够

从机制上看，人才培养机制不健全，一些兼职纪检干部是事业单位人员，在职称评定上无法量化业绩，存在有效激励不足，未有效激发人才的内生动力；县局纪检干部推动同级党组织贯彻落实上级工作方面执行不够到位，存在被动式，力度上存在递减情况。基层县局对纪检工作支持力度不够，在一定程度上制约了纪检干部主动作为、发挥监督作用。

从质效上看，开展各类监督检查时，前期准备认真、方案齐全，检查过程中也按部就班、有条不紊，但在跟踪监督问题整改这个环节没有形成闭合，一定程度上存在重检查轻跟踪。另外在学习效果上缺乏持续性、自主性和系统性，习惯于“上传下达”，上级安排什么就抓什么，没有深层次思考“学什么、怎么学”，对效果导向和结果导向不明确，积极性和创造性有所欠缺，导致监督形式单一、内容泛化，实效性不强。

四、瞄准新形势新要求，探索全市气象部门纪检改革工作思考与实践

结合新形势新要求，具体到景德镇市气象部门，可从“三解决一增强”上下功夫，不断强化专责、突出下沉，推动市县监督一体化。

（一）针对监督力量不强，在选优上下功夫，着力解决什么人监督的问题

在配强上加大力度。市局在原有纪检干部队伍基础上增配1名年轻纪检干部，均有从事过党建、纪检、财务、业务岗位的工作经验，县局在明确1名副科级干部负责纪检工作的同时均选配1名有培养潜力的年轻干部作为监督员。

在整合上加大力度。进一步完善党建和党风廉政两个体系建设，统筹用好“1＋1＋1＋X”监督方式。

在再监督上加大力度。进一步完善党风廉政建设联席会议常态化机制，推动职能科室抓实职能监督；纪检机构运用好工作建议函工作机制，强化对职能监督再监督；加强专责监督和巡察、审计整改监督贯通融合，推动纪检组与职能部门共同分析巡察、审计、专项检查整改落实情况，开展重点领域、关键环节专项治理，推动成果运用。

（二）针对监督举措不多，在优化上下功夫，着力解决如何去监督的问题

突出动态了解，做实日常监督。出台廉政谈心谈话实施办法，常态化开展同级交流谈心，持续营造信任与监督共存的良好工作氛围；出台纪检机构加强“一把手”监督的若干举措，开展政治谈话，重点加强对所属单位“一把手”和领导班子权力运行的监督；通过谈话提醒、提出工作建议等方式，督促各单位领导班子和主要负责人履行好管党治党政治责任。

突出重点嵌入，做好会议监督。出台全市气象部门县局“三重一大”事项事先抄告制度，市局纪检组根据“三重一大”事项具体内容，组织相关人员参会，进一步强化对县局“三重一大”决策事项的监督。

突出分析研判，做深驻点监督。根据重点工作推动落实情况或群众反映强烈的问题开展专项调研，采取“以下看上”方式，开展研究、评估和研判，向市局党组提出相关建议。

突出全面掌握，做实报告监督。出台县级纪检机构请示报告制度，建立县局纪检机构定期、不定期向市局党组、市局纪检组和地方纪委的报告制度，通过报告监督检查情况、自身建设情况和其他任务落实情况，市局纪检组加大全面了解县局纪检机构及其相关监督人员履职情况，更直接有力地督促责任落实。

（三）针对监督水平不高，在提升上下功夫，着力解决去监督什么的问题

明确职责促知责。从制度上明确市、县纪检机构（分管领导和监督员）主要职责，知道自己为什么要去监督，做到明责于心。

列出清单促明责。制定常规工作清单，从加强政治监督、注重日常监督、强化执纪问责、协助同级党组推动全面从严治党主体责任落实、加强自身建设等方面入手，细化市、县两级纪检机构具体任务，让市、县两级纪检人员知道自己去监督什么，做到担责于身。

推动规范促尽责。基层纪检工作人员对自身的主业主责存在界限不清、概念模糊，从而导致不会监督、不善监督。制定关于推进全市气象部门纪检工作标准化规范化等相关制度，落实好“每月一报、每月一结、每季一报”，让市、县两级纪检人员知道如何监督更规范。

（四）针对廉洁文化氛围不浓，在打造上下功夫，着力增强“不想腐”的自觉问题

“联动”带新风展新貌。开展党组示范引领、重点带动科室、鼓励全员参与等系列廉洁活动，层层联动带动干部职工立足岗位、强化作风、展现形象，在“联动”中养成被监督环境下工作的习惯；通过专责监督与职能监督相“联动”，推动问题整改，促进工作规范；通过廉洁活动、党风廉政宣教月和不定期警示教育活动的贯通联动，坚持“以年带月，以月促日”，持续推进廉洁教育常态化、长效化。

“三力”打造廉洁文化。强化“氛围塑廉·增强廉洁文化”的感染力。打造以单位楼道、楼梯和走廊为载体，构建突出“红色”，涵盖气象部门“特点”和瓷都“特色”，体现生态文明“绿色”的多层次、多形式“三色”气象机关文化；强化“教育倡廉·增强廉洁文化”的传导力。签订廉政承诺书、发送廉政短信、开展全员述责述廉述职等活动，充分用好各类活动载体，引导干部职工时刻绷紧清廉防腐这根“弦”；强化“典型引廉·增强廉政文化”的说服力。开展好人榜评比，选送瓷都好人，发挥先进典型人物的榜样和示范作用，使干部职工学有动力，干有目标，做有榜样。开展警示教育、不定期转发各类《通报》，用反面典型警示，让干部职工充分认识到远离腐败这根高压线对个人、家庭的重要意义，不断增强廉洁文化的说服力。

气象业务软件建设情况调研报告

顾青峰　郭转转　陈　超　宋立雪　秦　勇　周　勇

（中国气象局气象发展与规划院）

气象业务基于数据开展的固有属性，使得观测、预报、服务、信息等气象工作极大程度上依赖于业务软件来开展和发展，因而奠定了气象业务软件在气象事业高质量发展中的重要地位。随着近年来气象领域投资规模的扩大，业务系统建设任务的投资占比也随之提高。然而在气象业务软件开发建设中不同程度存在着重复建设、集而不约等问题，为更好地推动新时期气象业务软件统筹发展，调研组围绕近年来气象业务软件投入、采购和组织等情况，通过问卷调查、现场调研和座谈研讨等形式开展调研，总结分析建设现状、存在问题和借鉴经验，从推动业务软件统筹发展、高质量发展的角度出发，深入研究并提出发展建议。

一、气象业务软件建设现状

（一）建设投入情况

“十三五”时期（2016—2020 年），中央投资基本建设项目累计下达资金约 150 亿元，其中业务软件开发占比 17%约 25 亿元，平均每年 5 亿元；考虑同期地方立项项目投资约 150 亿元，在同等占比下地方投资基本建设项目平均每年也应有 5 亿元业务软件开发。另外综合分析近 2 年决算数据和委托业务费审核情况，每年全国全口径维持费中委托业务费约 20 亿元，其中属于业务软件开发的约占 1/10 即 2 亿元。三者相加，初步估计气象部门整体平均每年业务软件开发 12 亿元（中央、地方各占一半）。

按照工信部发布 2020 年软件和信息技术服务业年度统计数据，行业应用软件开发所在的软件产品行业人均产值 84 万元，剔除操作系统、数据库等高产值行业，对从事气象行业应用软件开发的企业人均产值按 50 万元计算，平均每年 12 亿元业务软件投入意味着每年气象部门调动了 2400 名高收入的软件从业人员进行气象业务软件开发，用好这一庞大的资源对于气象事业高质量发展有着十分重要的意义。

（二）采购与市场情况

分析2016年至2020年5月气象部门各单位上报计财司中央资金50万以上项目采购数据，其中软件开发采购共计447项，采购资金77818万元。在所分析数据中，中国气象局直属单位采购金额61665万元，占比79%，省级单位采购金额16152万元，占比21%；平均每项采购金额174万元，其中以公开招标方式采购金额55280万元，占71%。

分析447项采购行为，可以发现气象部门业务软件采购有如下特点：一是小额采购多，75%的项目采购金额不足200万元。二是各单位采购特点差异大，卫星中心单项采购项目金额最大，气象中心采购项目数量最多（占45%）但项目金额偏小（占22%），省级单位则以小散项目为主，采购金额中位数仅79.5万元。三是承接单位，集中度低，共有186个承接单位，成交金额中位数仅153万元，如果排除卫星工程大额采购，排名前10企业占总成交金额的比例不足30%（表1）。四是气象部门参股企业竞争力不够，20个单位占总成交金额的比例仅为29%。

表1 软件开发中标金额排名前10的软件开发商情况

排名	单位名称	成交金额/万元	金额占比/%	数量/个	中标项目领域
1	北京华云星地通科技有限公司	13666.1	17.56	11	气象卫星
2	北京航天宏图信息技术股份有限公司	5708.2	7.34	17	气象卫星
3	中国资源卫星应用中心	2993.95	3.85	2	气象卫星
4	北京绘云天科技有限公司	2939	3.78	17	预报、人影
5	北京神州泰岳信息工程技术有限公司	2399.8	3.08	4	气象卫星
6	南京恩瑞特实业有限公司	2235.224	2.87	13	预报、气候
7	北京超图软件股份有限公司	1847.3	2.37	12	预报、服务
8	北京华云通合科技发展有限公司	1675.8	2.15	1	气象卫星
9	华云信息技术工程有限公司	1635.22	2.10	11	雷达、预报、海洋、气候、生态等各领域
10	北京文泽智远信息技术有限公司	1582.9	2.03	11	预报、服务、大气环境等各领域

分析气象业务软件市场格局，相对软件产品行业 2021 年 24433 亿元的总体规模，气象业务软件市场规模小、专业度高，有一定进入门槛，而利润并不丰厚，曾经在“十二五”软件投资大幅上升时期进入的一批专业软件企业如中软、东软、东华等均已基本退出气象行业。目前各直属单位最重要的软件开发合作伙伴基本就是中标金额前 10 的企业。其中气象部门参股的企业有 3 家，分别为华云星地通公司、华云通合科技公司、华云信息技术公司；上市公司 4 家，分别为卫星遥感领域的北京航天宏图信息技术股份有限公司、信息系统运维领域的北京神州泰岳信息工程技术有限公司、气象仪器装备领域的南京恩瑞特实业有限公司(国睿科技)、地理信息领域的北京超图软件股份有限公司，均为所在领域的头部企业；除中国资源卫星应用中心外，剩余两家北京绘云天科技有限公司、北京文泽智远信息技术有限公司均为 30 人以下专注气象行业的中小企业，其他承建单位也大多为专注气象行业的中小企业。

主要业务软件如卫星工程软件、MICAPS、CIPAS、天擎等都经过长期竞争选择，形成了较为固定的 2～3 家互相竞争的合作公司。其中卫星中心因为得到长期稳定的工程支持、开发规模较大、充分利用自有企业机制等因素，通过星地通公司培养了一支长期担负具体开发任务的自主可控的团队，业务持续稳定，公司发展势头良好。

(三)建设组织模式

气象业务软件按照其性质以及气象技术含量，大致可以分为三类：一是气象技术含量最高的模式模型软件，如 CMA 数值模式，主要由业务人员自行设计、编码、维护；二是包含了较多气象技术的专用软件和业务系统，其代表为 MICAPS、CIPAS、智能网格预报系统等，一般由本单位信息技术人员设计架构、提出算法，公司承担编码维护等工作；三是包含通用技术较多的支撑性平台，其代表为“天镜”、业务内网等，一般由本单位信息技术人员和公司共同设计、公司承担编码维护等工作。此外尚有一些管理系统、网站等通用性质的软件开发任务，但严格意义上不属于气象业务软件范畴。

调研发现，经过 10 多年的探索和磨合，各单位业务软件开发逐步趋向相同的建设组织模式，即由业务科室业务人员提出业务需求，信息技术人员提出技术要求并承担程度不一的设计、验证和开发过程管理，承接公司完成部分设计及主要编码工作。各单位只有介入开发程度的不同，而无模式上的根本区别。可以看到，无论哪类气象业务软件建设，本单位业务人员和信息技术人员均在开发中扮演了主要角色。经粗略统计，目前直属单位中直接从事业务软件开发的信息技术人员总计130多人，分布在国家气象中心、国家气候中心、国家卫星气象中心、气象信息中心、公共气象服务中心等单位承担开发任务的独立处室，这支队伍是气象业务软件建设的核心力量。

这一由最终用户、本单位信息技术人员和软件公司三方合作的建设模式是符合气象业务软件开发特点的较为成功的模式，但也存在对信息技术人员要求高、任务重，待遇却较软件行业总体水平过低，优秀人才容易流失，创新创优积极性调动不易等问题。很多省级尤其是省以下气象业务单位由于缺乏信息技术人员，则更多采用了最终用户提需求、软件公司包揽设计开发全过程的“交钥匙工程”方式，很大程度上失去了对业务技术的掌握及软件质量的控制。综合来看，国家级重大业务软件在当前组织模式下自主可控性有较好的保证，但创新创优乏力，省级及以下业务软件则面临自主可控差、技术储备不足的局面，长期发展存在很大隐患。

二、气象业务软件建设存在问题

（一）投资总量充足，但低水平重复多

每年12亿元业务软件投入就气象行业而言规模较大、总量充足，但不同单位不同业务软件之间存在很多重复“造轮子”现象；省及以下重复开发现象显著，从全国角度存在很大资金浪费。由于缺乏规划引导和有效考核，愿意啃高技术含量、硬骨头的少，热衷可视化、制作发布平台等低技术含量重复建设的多，有限的资金并不能很好地集中到真正需要较高技术水平的核心技术开发上，资金效益没有得到充分发挥。

（二）市场竞争充分，但集中度过低

相比国外气象业务软件开发，目前我国气象业务软件开发市场格局呈现小而散的局面。虽然存在充分的市场竞争，但气象部门对市场发展引导不够、承建主体高度离散，头部企业市场占比不高，与软件行业骨干企业实力不断提升的发展趋势明显不符。其原因：一是各单位内部建设分散，由业务科室主导的小而散业务系统开发大量存在，如雷达规划某项目被分成14个子项目进行采购，导致承建主体高度离散；二是缺少长期规划、缺少稳定项目投放，难以形成对重点业务软件的持续支持，承建主体变更频繁。

（三）承建主体多元，但技术能力不强

由于市场集中度低、项目持续性低，导致无论部门内外的承建主体都追逐短期利益，定力和进取心不强，整个气象业务软件开发市场难以培育形成强有力的龙头企业。各承建主体在气象领域不敢大规模布局和投入，气象团队规模普遍不超过30人，气象专业人才少、流动性大，经验积累、技术积累、人才培养都存在很大不足，其直接后果就是各单位普遍反映承建企业需求定义能力、设计能力薄弱，软件质量难以提高、运维成本高昂。

（四）技术总体可控，但存在长期隐患

当前各直属单位承担开发任务信息技术队伍是气象业务软件建设的核心中坚力量，主导着软件开发过程，对核心技术有充分的掌控，虽然业务科室主导的局部业务系统和省级以下单位存在对外部公司的依赖，但在市场竞争充分的格局下，总体技术自主可控。但由于当前业务软件开发不重视对自主知识产权的积累、未考虑基础组件自主性等问题，很多业务软件使用了非开源的商业化组件或者基于开发公司自有技术平台进行定制开发，存在被“卡脖子”的隐患。随着未来系统规模变大、复杂性增加，信息技术队伍人员不足（占比远低于发达国家气象部门）、能力不强问题日益凸显，技术自主可控也难以全面保持。

（五）缺少长期规划，发展质量不高

气象部门对业务软件建设发展尚未出台顶层设计文件，往往只在各项气象业务发展规划中作为业务发展的附庸有少量分散考虑，缺少清晰发展目标和整体发展格局谋划。业务软件建设投资牵引十分明显，总是先有投资安排、再填建设内容，建设安排随机性大。除了数值模式因为事关重大得到财政专项经费支持，长期规划清晰、资金支持稳定外，即便是MICAPS、CIPAS这样的重要业务软件也缺少长期发展建设的规划和稳定资金支持，几乎没有参与国际竞争、扩大国际影响力的目标设想，各项业务软件的发展思路、建设次序、投资重点、互相衔接都缺乏长远安排，业务系统虽多、开发规模虽大，但质量参差不齐，也无法产生真正高技术含量、高影响力的拳头产品。

三、建设发展模式借鉴

根据对国外和国内行业软件发展模式的调研，行业单位为保证自身核心技术可控，除一些外部企业技术优势明显的特定领域外，本行业所属单位均在开发过程中发挥了程度不同的作用。

国外气象业务软件以业务单位技术力量为主、社会公司为辅开发完成，因此大多数发达国家气象部门编制内都有10%～20%不等的信息技术人员。如法国天气预报业务平台由业务单位独立开发；美国AWIPS由业务单位主持开发，但开发团队包括企业人员；英国气象局则与IBL公司合作开发基于Visual Weather的预报业务系统；只有部分通用信息技术项目采用整体外包，如NOAA大数据项目。

国内行业业务软件也多以内部开发力量为主、社会公司为辅，确保自主可控和竞争优势。如“铁路12306”系统由中国铁道科学研究院集团有限公司电子计算技术研究所承担建设和运行，虽然曾有过为何不向社会招标开发和对自主开发方式的质疑，仍一直坚持自主开发、少量非核心业务外包的建设组织方式。开发团队以所内事业编100余人、下辖企业200余人为核心，劳务派遣、外包服务200余人相配合的庞大规模，培养了一批技术人才，实现了一系列核心技术突破，保证了铁路部门信息化的发展自主性。又如银行保险行业为确保业务创新能力大多设有主管软件开发的信息部门，为进一步加强银行保险机构信息科技外包风险监管，银保监会还专门出台了《银行保险机构信息科技外包风险监管办法》。

值得一提的是，开源开放是很多国外业务软件建设的重要方式，我国在《“十四五”软件和信息技术服务业发展规划》中五大主要任务也包括“完善协同共享产业生态”任务，要求繁荣国内开源生态。如美国马里兰大学开发的气象数据分析显示软件GrADS完全开源开放，已迅速成为国内外气象界通用的标准图形环境之一；ECMWF开发的ecFlow、Metview等在GitHub代码托管平台开源，UCAR主导的全球气候模式CESM向全球科研开发人员开放，均拥有很大用户群体，在气象领域具有相当强的影响力。

四、发展思路建议

（一）分类施策、统筹规划，营造良好产业生态

气象业务软件建设的改革涉及整个市场生态，其表现出来的问题与业务体制、科技水平、人才情况、市场机制、软件工程行业特点等密切相关，没有一发即中的“银弹”，不能简单化处理。要在实际调查研究的基础上，广泛听取各方意

见，研究出台气象业务软件发展的政策文件，在质量提高、技术可控、效益提升和更好推动气象事业整体发展的总体目标下，根据不同类型业务软件特点分类施策，提出软件建设发展的总体部署。对气象技术含量最高的模式模型软件坚持以我为主，突出数值预报中心作用发挥；对包含较多气象技术的专用软件和业务系统统筹用好内外力量，鼓励适度竞争，促进市场集中度提高；对包含通用技术较多的支撑性平台要在自主可控的前提下更好地发挥市场机制作用。同时也要研究制定业务软件统筹建设制度，抓紧谋划顶层设计，明确气象业务软件总体布局；并设立专门机构完善标准规范、开展准入审查、示范推广等工作；抓紧出台《气象部门信息科技外包风险监管办法》，加强风险管控。力争从市场政策、制度建设、标准规范三个方面营造良好的产业生态，不断完善建设组织模式，改变小而散的市场格局，减少低水平重复，加强基础创新。

（二）创新机制、有效激励，做强内部开发队伍

通过创新体制机制，充分用好现有的内部信息技术人员队伍。借鉴国外和其他部门经验，要想实现自主可控、高质量发展，离不开一支本部门直接指挥的、对本部门业务及需求有深刻理解并具备相当技术实力的、稳定而富有创造激情的信息技术队伍。要顺应“软件定义”的时代趋势，顺应数字化、智能化对传统气象业务的挑战，精简优化传统业务岗位，提高业务开发和信息技术人员比例，将现有国家级内部信息技术队伍翻一番扩充到300人规模，内外开发力量比达到1∶5，保证核心技术自主可控。同时各业务单位要创新机制，保障内部信息技术人员在收入待遇和事业发展上的合理要求，保证队伍稳定，形成创新合力，实现重要业务平台在部门内的统筹设计、规范实现、集中保存、长期维护、永续开发。

（三）整合创新、集中扶持，做实做强龙头企业

整合气象部门所属软件开发企业，扶持企业规模化发展，达到300人以上的中等规模，打破小而散、资源不集中、发展受限的困局。探索气象部门所属企业与第一层部门内核心力量形成紧密合作关系的方式方法，吸纳足够的优质软件技术人才构筑第二层核心力量，与创新平台共同组成气象部门业务软件开发中坚力量，积极参与市场竞争，争做行业标杆。但也要有所为有所不为，聚焦做好几个高水平的重大业务软件开发，少涉足包含通用技术较多的支撑性平台开发等适宜市场主导的领域，为市场留出必要的空间。对在气象行业有一定积累的优质企业要一视同仁、鼓励发展，引导其在统一标准规范下进行高水平研发，为市场注入竞争活力。最终推动在气象业务软件开发领域形成3～5个规模在

300人以上的行业龙头，占据80%的市场份额，共同引导市场健康发展。

（四）稳定支持、开源聚力，锻造推广拳头产品

做好气象业务软件发展的长期规划，统筹谋划重大工程等各项资金，持续稳定支持创新平台和龙头企业着力打造自主创新的通用化、系列化、组件化的核心产品组件，推动不同国家级气象业务软件之间的高度集约化，以政策鼓励、优质产品供给等市场化手段和开展资金绩效评价等约束手段，推动省及以下各单位进行高复用、低成本的业务软件开发，降低总体开发成本，提高产品质量，充分发挥资金效益。落实国家“繁荣国内开源生态”要求，支持开源模式成为气象业务软件创新的主导模式，减少高成本、低可控的商业化组件使用。开源开放是气象作为公益性科研型行业在业务软件研发上降成本、提质量、强自主的重要手段，要借鉴国外成功经验，积极培育众研众用众创的开源生态，聚合国内、国际各方面力量，锻造极高技术水平、引领行业发展、具有国际影响力的拳头产品。

发挥气象部门国有企业作用　用好气象这把“盐”

张　迪[1]　刘　钧[2]　卫晓莉[3]　冷家昭[4]　姚锦烽[5]　张志强[6]　王　力[7]

（1. 中国气象局减灾司；2. 华云集团；3. 华风集团；4. 气象出版社；5. 中国气象局公共服务中心；6. 国家气象信息中心；7. 青海省气象局）

党的二十大报告指出，深化国资国企改革，加快国有经济布局优化和结构调整，推动国有资本和国有企业做强做优做大，提升企业核心竞争力。气象部门国有企业（简称“气象国企”）在气象事业发展中发挥了重要作用，也必将成为气象高质量发展的重要力量。在深入学习领会习近平经济思想的基础上，通过书面调研、专家访谈、座谈研讨、实地走访，立足我国经济高质量发展和国企改革大背景，分析气象国企面临的形势、存在的短板，对新发展阶段重塑气象国企定位和格局，推进气象服务供给侧结构性改革，实现气象服务高质量发展提出对策建议。

一、气象国企改革发展现状

2019 年以来，中国气象局按照党中央、国务院的总体要求，完成了气象国企改革三年行动，企业布局得到优化，效益得到提升，管理逐步规范。

第一，总量上“瘦身”。清理无效企业，企业由 2019 年的 1122 户降到 2021 年的 791 户，总数减少 30%；清理以市、县两级为主企业，2021 年，国、省、市、县四级企业占比分别为 6.7%、23.5%、44.9%、24.9%，国省级企业占比提升至 30%以上。

第二，质量上“健体”。在布局结构上，逐步聚焦主责主业。2021 年，从事服务、装备、防雷、软件的企业达 660 户，占总数的 83.4%；从业人员 9297 人，占总数的 86%，防雷服务、软件开发类企业吸纳从业人员最多；收入 41.28 亿元，占总收入的 91%，防雷服务、气象影视和广告收入最高。在规模上，中型企业占比持续提升。近三年，中型气象国企（从业人员超过 100 人且小于 300 人）从 9 户增加到 13 户。在盈利上，国家级局属龙头企业压舱石作用逐渐显现，专业服务、软件开发企业净利润增长较快。2021年，在部门企业净利润环比下降的背景下，国家级企业保持增长势头，占全国盈利的39.6%；服务、软件、装备分别增长95%、31.4%、14%。

第三，管理制度逐步完善。中国气象局印发《大力促进气象部门专业气象服务改革发展的意见》《加快推进气象部门落实国企改革三年行动方案》《关于规范局属企业发展的意见》《关于促进气象产业健康持续发展的若干意见》，为营造健康持续的产业发展环境、引导企业发展、加强经营性国有资产监管等提供了政策支持。

气象国企改革取得一定成效，但整体上仍存在“三个没有改变”。

一是作为气象事业补充力量的角色仍然没有改变。事业单位无法有效保障的服务领域由企业弥补，事业单位中央财政保障不足的部分由企业利润弥补。

二是“小低散”的格局仍然没有改变。企业规模小。大型气象国企仍为空白，百人以下小微企业占总数的98.3%。产品技术含量低。创新能力不足，市场核心竞争力缺乏，供给质量不高。特别是在航海航空、气象软件、金融保险等专精特新领域缺乏“头雁企业”和“拳头产品”，且部分领域长期被国外企业垄断。产业布局散。企业分布零散，企业间缺乏协同机制，产业链上下游不贯通、不完善，产品同质化，部分领域存在低价竞争。

三是企业经营效率偏低仍然没有改变。企业净利润率不高，“自我造血”能力不足，持续经营能力弱。2021年亏损企业295户，占比37%，其中连续三年亏损76户，户均盈利仅67.32万。企业治理和激励约束机制不完善，大部分省级及以下企业采用事业单位的管理方式运行，存在小富即安、机制不活等现象。

二、气象国企发展面临的新形势

（一）国家安全提出新要求

党的二十大将国家安全置于显要位置，强调统筹发展与安全。国有企业是国家经济安全的战略支撑，需要气象国企更多向国防军工、远洋导航、能源资源、粮食安全、重大基础设施建设运行、行业关键核心技术研发等关系国家安全、国民经济命脉、国外气象企业垄断的重要行业和关键领域集中。

（二）国有企业改革带来新动能

党的二十大对国有企业改革作出新部署，核心竞争力成为国有企业做强做优做大的衡量标准，世界一流企业由“培育”转入“加快建设”阶段。气象国企应抢抓机遇、主动作为，培育具有全球竞争力的世界一流企业，培育若干个具有较强竞争力的龙头企业，形成一批具有较好成长性的专精特新中小企业。

（三）经济社会高质量发展带来新需求

公众对美好生活的向往和经济社会高质量发展，对精细化、个性化、定制式、全球化的气象服务需求日益凸显，目前主要由事业单位承担的公益气象服务已难以满足新需求。应发挥气象国企快速跟踪、响应及时、资源配置灵活、用户参与度高等优势，打造伴随定制式全球气象服务新业态。

（四）新一轮科技革命带来新机遇

新一轮科技革命和产业变革迅猛发展深刻改变了生活和生产方式。5G技术开启的万物互联新时代，为气象向各行业提供智能化服务奠定了必要基础。供给侧应随需求侧而变，未来气象装备、信息服务、软件工程的交叉融合将成为必然。

三、企业改革发展经验

（一）团队建设

国际气象服务企业人力资源分析显示，完整服务团队至少需要具备气象、软件、营销和管理4类人员。华风集团能源气象服务团队2015年转企后，招聘各专业人员100多名，规模翻两番，破解了企业创新意愿与研发能力不匹配、技术研发与市场需求脱节的困境，有效疏通了专业模型研制、解决方案研发等多个关键堵点，通过若干重大项目实施，树立了高科技企业品牌形象。2016年以来，总计营收超2.6亿元。

（二）协作机制

政事企协同：在地理信息产业发展中，政府出台产业指导意见、发展规划以及信息安全保密、技术审查等系列管理制度，事业单位搭建数字城市等三大产业支撑平台，财政资金引导、税收政策激励、多层次资本市场进入。

国省协同：华风集团影视广告和能源气象服务发挥垂管体制优势，形成四级联合服务模式，通过市场化协商机制，建立相应责任分担和利益分配机制，取得成功实践。

（三）资本运作

我国芯片产业从2004年大力推进国产芯片研发至2019年仅实现80 nm制程量产。设立科创板之后，大量资本和人才涌入芯片产业，2022年已实现14 nm制程量产，3年的发展速度远超过去15年。2021年，科创板芯片企业营收全部正增长。企业通过股权发售筹集资金、通过股票期权吸引优秀人才，核心竞争力、经营管理水平持续增强。

四、重塑气象国企在气象服务高质量发展中的格局

（一）明确定位

“气象是经济发展的一把‘盐’，放多放少能影响到炒好经济这盘菜”，随着“气象+”逐渐深入人心，更加凸显了气象服务犹如“盐”那样能够融入各行各业、服务生产发展和人民生活的特性，气象国企在发挥“盐”的作用上具有独特的作用和优势。

定位：新时代气象国企应对标国企改革和气象高质量发展要求，由气象服务“补充力量”向“重要支柱和依靠力量”角色转变，成为气象融入经济主战场的主力军、气象服务科技创新的新高地、全球气象服务的领头雁。

发展目标：加快建设世界一流气象服务企业，填补国家安全、国计民生重点领域服务空白，提高产业规模、质量和效益，5年内实现营收和利润翻番，至少培育出一家上市企业，显著提升气象服务的市场竞争力、科技创新力、国际影响力。

（二）优化布局，积极融入经济主战场

1. 推动资源向重点领域集中

更好地发挥政府作用，引导气象国企积极融入经济主战场，充分利用市场将更多资源配置到远洋导航、能源、重大基础设施建设等国计民生重点领域，气象高敏感行业、金融保险、航空等高价值链端，以及软件开发等产业链、供应链关键环节。鼓励气象服务与装备、软件等企业跨领域融合创新。推动气象国企与事业单位形成协同互补，确保在“国之大者”有作为不失位。

2. 优化调整气象国企布局和结构

持续清理无效低效企业，鼓励打造不同行业、不同地域的专业化、特色化企

业。国省建立资源共建、利益共享、责任共担协同机制，国家级以科技研发、系统平台和技术支撑为主，省级公司发挥本地化优势，以发掘和培育区域化气象服务市场和技术转化、项目落地维护为主，构建差异化气象服务网络，探索根据项目贡献为依据的利益分配机制。

3. 促进气象服务质量效益双升

厘清事业单位与气象国企服务边界，加强服务价值深度挖掘，发挥企业在市场拓展、迅速响应、要素配置、研发投入中的优势。引入合作竞争和试错机制，建立服务质量评价机制。采用“揭榜挂帅”“赛马制”，遴选气象科研和服务参与企业。

（三）结束“小低散”，做强做优做大气象国企

1. 引导企业品牌化国际化发展

探索在公众、能源等服务领域打造全国统一品牌，建立品牌培育、运营、质量保障和管理体系，促进企业无形资产增值。利用“一带一路”“南南合作”等对外战略平台，借助对外援建、风云卫星国际服务等，加速海外市场布局，打造具有国际竞争力的产品、服务和品牌。

2. 提升国有企业科技创新活力，打造科技创新新高地

鼓励以企业为依托单位建设国家/中国气象局重点开放实验室，完善企业牵头承担重大战略科技项目和工程任务“业主制”模式，提高企业在重大战略科技任务和工程项目研究论证及组织实施中的参与度和话语权。激励成果转化。建立事业单位与气象国企知识产权保护、转让授权、协同创新机制，促进成果双向转化，推进重要贡献人员现金奖励等激励政策落地。优化人才使用与评价制度。鼓励企业建立跨层级、跨单位调配优秀人才的机制，探索建立事业单位人才到企业开展协同攻关时人员身份、待遇、职称、岗位等激励机制。构建市场、用户、第三方深度参与的企业人才评价体系，将企业人才纳入气象部门人才计划，对企业人才给予落户、编制、待遇等的优惠政策。借鉴国内外经验，打造若干具备市场竞争力的气象服务团队。

3. 支持气象国企上市

气象国企上市对于产业发展具有里程碑意义。建议中国气象局在上市企业培育、计划制订等关键环节给予及时有力的政策和行动支持，加快气象国企上市进程。

（四）加大政策支持力度，促进企业提质增效

1．坚持和加强党的全面领导

党委“把方向、管大局、保落实”，加快建设现代企业制度，推动党建工作与生产经营深度融合。建设对党忠诚、勇于创新、治企有方、兴企有为、清正廉洁的高素质专业化干部队伍。弘扬企业家精神，营造宽容的人才成长环境。

2．完善政策支持和监管体系，加强政策支持

通过政府购买服务方式支持气象国企更多承接服务；完善核心数据资源安全管理和使用制度，加大对气象国企的数据支持力度。发挥考核引导作用。坚持“两利四率”指标体系考核引导；加强国企创新导向的考核与激励，确保研发投入稳步增长。推进气象产业园发展。推动重点领域项目、基地、人才、资金一体化配置，积极争取政府支持设立产业投资基金，依托气象产业园，推动跨企业、跨区域、跨行业集成互联与智能运营。构建“政产学研用”协调联动的创新群落和战略科技力量体系，提升领军企业科技创新和协同能力。

3．发挥协会行业组织作用

利用好协会平台，气象国企共同营造良性市场环境，提高产业影响力和行业知名度。发挥好协会信息集散地作用，避免低水平重复建设和恶性竞争。完善会员间知识共享机制，开展学习交流、职业教育治理、标准规范制订。

4．构建“1＋3”协同创新管理平台

打造“1＋3”气象服务产业链数字化协同创新管理平台，促进形成优势集聚、协同联动、权责对应、利益共享和规范有序的气象服务格局。1套制度包括项目登记备案制度、产品检验评价制度、众创研发机制等。打造3个系统：专业气象服务业务支撑系统汇集领域内核心算法、关键数据，形成有偿使用基础产品库，并建立产品的用户检验评价机制。气象服务信息管理系统实现信息备案和部门内部共享，避免低价无序竞争。众创研发系统支撑企业数字化转型，推动供应链、产业链上下游企业间协同创新。

预报员转型发展，我们准备好了吗
——预报员变革意愿和内部动力调查分析及对策建议

张志刚[1]　何瑜昀[2]　韩　锦[2]　薛红喜[1]　陈静静[3]
谢　娜[4]　凌　慧[5]　易媛媛[2]

（1. 中国气象局预报与网络司；2. 中国气象局气象干部培训学院；
3. 湖南省气象局；4. 四川省气象局；5. 黑龙江省黑河市气象局）

党的二十大报告指出，必须坚持科技是第一生产力、人才是第一资源、创新是第一动力。为贯彻落实《气象高质量发展纲要（2022—2035年）》和《新型气象业务技术体制改革方案（2022—2025年）》，全方位保障生命安全、生产发展、生活富裕、生态良好，充分发挥气象防灾减灾第一道防线作用，必须建设一支踔厉奋发、勇毅前行、技能卓越、布局合理的预报队伍。新时代气象预报队伍转型发展是大势所趋。处于变革中心的预报员，其业务发展路径和进行变革所需技能短板已渐明晰。国、省两级预报员需要向创新型、研究型方向发展，市县级预报员需要向综合型方向发展。

然而，应对变革不单单依靠专业化技术知识的储备，面对挑战还需要预报员及时调整心态，对改革愿景充分认同，对改革阵痛有足够预期，做好迎接变化的心理准备，这样才能踔厉奋发、勇毅前行。为了充分探索预报员转型发展的准备现况，干部学院专题调研组通过标准化的多维度心理学量表的问卷测评，结合座谈研讨的形式，围绕当前预报员的变革意愿及内部动力开展调研和分析，并提出针对预报员队伍新业态下的业务体制改革的具体建议。

一、调研对象和方法

（一）调研对象

本次调研对象有324人，均为从事天气预报的业务及科研人员，包括国家级、省级、市县级等不同单位层次。调研对象基本能够代表国内气象部门从事一线业务工作的高级专业技术人员，尤其是预报员的情况。

(二)调研方法

主要采用问卷调研和座谈研讨的方式。调研问卷主体由专业心理学测评工具构成，主要包括工作价值观、组织支持感、创新行为、工作倦怠等多维度的本土化心理学量表，考察预报员的变革意愿和内部动力。问卷的结果经过1～5分标准化转换，1分为程度最低，5分为程度最高，统计结果超过3分则认为高于平均水平。在问卷研究的基础上，结合座谈研讨，对预报员转型发展的现况进行感性而深入的访谈和探讨。

二、预报员多维度内在职业能力素质调研和成因分析

(一)市县级预报员主动变革意愿不足

尽管各级预报员对于单位的认同感普遍较强，但市县级与国省级对于岗位要求和培养度的感知并不相同。问卷调查结果显示，国家级和省级的预报员认为工作能够极大促进自我能力的提升(4.43，1～5分计分，得分越高则程度越强，下同)，相比之下，市县级的预报员在岗位所赋予的能力与成长(4.24)方面的主观感受较低。换言之，市县级的岗位现状并不需要职工主动地自我成长，容易令人安于现状。

不同层级预报员传统的岗位定位可能是造成差异的本质原因。本次针对全国各省气象台台长的调研反映，有69%的台长认为市县级预报员变革的内在动力最弱，有34%的台长认为市县级预报员转型发展难度最大。市县级预报员的工作具有多样性和具体性的特点，侧重于传统值班和执行力的考核。业务工作的综合性、琐碎性、非自主性，造成了职工在自身岗位上主动提升无力。

(二)市县级预报员创新能力提升空间较大

市县级与国省级预报员在创新能力方面存在明显差距。调查显示，相比于市县级，国家级(4.26)和省级(4.27)的预报员更愿意从新角度去思考遇到的困难和问题，主动应用新技术、新程序或新方法，并分享和推广；相比之下，市县级(3.95)预报员在创造性思维的产生上明显薄弱，创新程度较低。

市县级预报员尚未充分具备转型所需要的创新能力。原因源于现有的业务

对各级创新能力的要求不同。国、省两级预报员需要开展前沿性、突破性、原创性研究，市县级预报员主要是执行上级下达的操作命令，对技术产品和多源资料进行应用，完成从1～2、2～3的拓展，而不需要0～1的突破。这种岗位定位的本质性差异，可能是造成市县级创新水平低于国、省两级的主要原因。

（三）国家级预报员“内卷”严重，省级存在“舒适圈”效应

相比于其他职业，气象部门预报员的工作倦怠感普遍偏低。调研发现，仅有7.4%的人达到中度或高度倦怠水平，但是各单位层级在成就感倦怠、态度倦怠、情绪倦怠等三方面存在差异性。具体而言，如表1所示，国家级预报员的工作成就感相对较低，倦怠性强（2.39），可能由于环境“内卷”的原因，对于自我贡献和成就的感受阈偏高，也就是说更难认可工作中的自我价值。相比之下，省级预报员（2.29）更加肯定自我的工作贡献，并能够得心应手地解决工作中的问题。但与此同时，省级工作态度倦怠感（1.86）最强，可能由于省级预报员所从事的工作与自身的能力和价值相对匹配，工作情绪相对平和，因此，不需要额外付出“高度热情”，对于工作的兴趣感和意义感都相对平淡。

表1　不同单位层级预报员在工作倦怠各维度的标准化得分

单位层级	成就感倦怠	态度倦怠	情绪倦怠
国家级	2.39	1.36	2.47
省级	2.29	1.86	2.41
市县级	2.34	1.64	2.52

国家级预报员的能力素质高，但岗位竞争激烈，“内卷”严重，而且单位所在城市生活压力较大、舒适性较差。省级预报员素质水平高，而且工作岗位具有业务主线明确、内容相对聚焦、容易积累成果等一系列优点，同时省级职工的居住环境普遍更好，生活压力较小，工作舒适性最强，存在“舒适圈”效应。

（四）市县级预报员情绪内耗相对严重

相比于国、省两级，市县级预报员的情绪内耗相对严重。调研发现，如表1所示，情绪倦怠的测评结果市县级（2.52）最高。这表明，市县级的预报员对于工作的疲惫感和压力感较高，国、省两级则相对较低，此处需引起重视。分析原因，市县级预报员日常工作任务繁杂，难以聚焦专业方向，容易被消耗时间和精力，但个人所取得的成绩偏低；而且基层普遍存在激励措施不足的情况，导致市县级预报员情绪倦怠最高，存在情绪内耗。这样可能导致改革攻坚的激情不足，

尤其是转型发展遇到阶段性困难或阵痛时，会产生可预见的情绪阻力或态度懈怠。

（五）职业发展带来创新程度提升和工作倦怠感下降

从职业生涯的角度分析，总体而言，预报员的创新程度分段提升，工作倦怠感逐渐下降。调查研究发现，从入职到40岁的职业生涯前中期，预报员创新能力逐步增强，41～50岁的职业生涯中期迎来创新发展的瓶颈期，创新水平相对停滞，50岁之后的职业发展后期，创新能力再次提升。即总体而言，呈现分阶段的上升趋势。与此同时，工作态度倦怠感随着年龄的增长连续下降，而35岁之前情绪消耗水平略有上升，45岁之后急剧下降。

目前，全国气象预报员队伍中40岁以下的预报员占73%。从职业生涯发展的角度看，青年预报员处于创新水平的上升期，但是同期的工作倦怠感也处于较高状态。50岁以上的预报员处于创新能力再度提升的阶段，而同期的倦怠感处于较低水平，工作积极性相当充沛。其成因可能是，预报员初入岗位，在挑战性的变革环境中成长，任务较重，竞争激烈。一方面，较容易激发出创意性的想法，突破自我；另一方面，工作压力和疲惫感较强。随着职业经历的丰富，逐渐适应任务要求，工作负担感消失，对于职业的认可度和使命感在不断提升。

三、提升预报员转型发展准备程度的建议

综上所述，各层级预报员均存在不同根源的变革意愿不强和准备性不足，转型发展存在内在阻力。国家级预报员的提升点在于拓宽人才通道，优化竞争环境，改善生活条件；省级预报员存在“舒适圈”效应，应当进一步加强高层次人才业务和科研的引领作用，合理竞争发展；市县级应当重点加强政策的逐级推动，尤其从市级到县级层面，确保政策充分落地，促进市级和县级业务人员聚焦主线，明确转型发展的方向。

从职业发展的角度看，应当从战略和政策的角度进行干预，对年轻预报员提出更高要求，同时降低青年预报员岗位以外的负担，让他们能够专心钻研业务和科研发展；同时，加强资深预报员的引领作用，推动团队建设。

（一）坚持高位推动，加强组织领导

要坚持高位推动，全面贯彻党的二十大精神和习近平总书记关于做好气象工作和新时代人才工作重要指示精神，贯彻国家重大战略部署中增强气象基础

能力，努力解决气象科技创新面临的紧迫需求。同时，要加强组织领导，增强各级单位的有效衔接和有机互动，纵向上优化多级业务布局，横向上调整同级业务分工，进一步优化调整监测、预报、服务与信息网络在国、省、市、县中的业务布局。因此，要自上而下地贯彻落实转型改革，重视各类政策到达市县级的推动落地，并针对不同层级预报员的岗位定位特点，充分发挥各自的平台优势和专业所长。市级和县级要强化一把手的转型意识，加强领导培训，确保改革政策能落实到市县，发挥基层预报员骨干主力和基础前哨作用，提升预报员能力，发挥自身对于本地特色的客观定量预报方法和指标研发的不可替代作用，强化农业和生态及本地特色化气象服务，并充分应用预报产品，监测预警灾害性短临天气。

（二）加强竞争交流，打破舒适圈层

目前，预报员队伍高层次创新型人才较少，预报预测核心技术尚未关键性突破，区域人才发展不协调。不同层级的预报员存在平台资源、业务特点、个人素质等差异。因此，要营造国、省、市、县不同层级预报员主动竞争和迎接变革的积极工作环境，完善人才使用流动机制，建立科研人员与预报员常规性工作交流机制，支持基层人员进修交流。一是推进预报员跨层级、跨地域交流，为预报员学习和熟悉上下级、上下游、先进单位的预报预测业务技术提供平台，从而增强预报技术和产品的智能性和准确性，从研发到应用充分衔接。二是根据转型发展阶段重点攻关任务需要，建立跨层级、跨单位调配优秀人才的工作机制，营造变革型工作环境，并发挥业务考核的指导性作用，积极采用“揭榜挂帅”“赛马制”等方式，激发“潜力人才”主动迈出“舒适圈”。三是针对市县级预报员工作价值感相对较小、创新能力不足、综合素质有待提高的情况，强化市县政策的指导性作用，支持基层人员前往更高层级业务单位和更高水平科研单位进修交流，调动市县级预报人员的创新能力和工作积极性。

（三）优化职业路径，提升自我效能

优化预报员职业生涯发展路径，科学引导预报员发展转型，合理规划人才上升通道，实现预报员队伍规模、结构、质量、效益统一发展。因此，应建立可持续的预报员发展模式，关心青年预报员成长，为预报员转型发展赋能增效，提高变革意愿。首先，积极引导预报员发展从值班型到研发型转变，统筹推进业务、科研、人才协同发展，完善预报员班下科研机制，形成可持续发展模式，实现良性循环。其次，为青年预报员定制契合自身业务科研能力和心理素质水平的培养计划，并充分发挥资深预报员对青年预报员的传、帮、带作用，营造勇于创新、探索试错的团队氛围，最大限度地减少青年人才发展初期的心理束缚。再者，充分发挥培训战略性和先导性作用，强化预报员责任和使命驱动的变革内生动力。气象部门专业性强相对封闭，自成体系，这一特点在高精尖科研攻关上是优势，但是在“气象＋”的大背景下，与政府其他部门主动、互动、联动上可能凸显劣势。因此，在预报员培训中除了专业技能培训还需加强沟通协调、团队合作、接受媒体采访等能力和技巧。

（四）创新评价机制，完善激励制度

目前，预报员评价激励体系不完善，统纳预报员价值、能力、贡献的综合评价体系尚未建立，预报员岗位晋升机制不畅通，创新团队和预报员研发投入偏少，班下科研复盘总结缺少制度和经费保障。因此，应结合不同层级的岗位特点分类建立创新评价机制，完善科技与人才的激励制度。其一，根据国、省、市、县不同层级的岗位特点，以提升预报准确率和提前量、保障防灾减灾第一道防线为导向，分别从预报质量、服务成效、研发贡献等方面进行侧重和细化，针对性制定职称评审和人才评选条件，并适当向业务一线和业绩尤为突出的预报员倾斜。其二，针对不同职业阶段的预报员，将物质奖励和精神奖励进行合理配比，分别定制长效激励机制，从而提升预报员的职业自豪感、行业认同感和工作成就感，激发工作热情，才能长远而言促进重大科学问题研究进展和关键技术成功攻关。

加强现代气象科技支撑　着力推进本地化气象预报预警核心技术突破和能力提升

杨柳婵　段虎军　邓荣耀　张家兴　邹　涛　魏虹宇

（四川省宜宾市气象局）

根据省、市气象局年度调研计划，四川省宜宾市气象局二级巡视员杨柳婵同志率市局调研组成员先后深入到宜宾市各区县气象局进行调研，深入分析了宜宾市气象部门气象科技支撑和现代化建设现状、存在的短板弱项及原因，提出了推进本地化气象预报预警核心技术突破和能力提升的工作措施，形成本调研报告。

一、宜宾市气象部门气象科技支撑和现代化建设现状分析

（一）基本情况

四川省宜宾市辖3区7县和2个城市功能区（三江新区、两海示范区），全市现有气象人员133人，其中研究生9人、本科生103人、专科及以下21人；全市从事气象业务服务人员80人，有高级工程师14人、工程师42人、助理工程师及以下24人，占比分别为17.5％、52.5％、30％。

（二）近3年取得的工作成效

1．气象现代化建设长足进步

全市各区县先后完成气象业务平台及基础设施改善建设，进行了宜宾新一代天气雷达升级改造、兴文和筠连2部X波段雷达、宜宾中心城区城市内涝监测体系、宜宾市人工影响天气现代化指挥系统、气象监测预警“防风险、补短板”项目等一系列重点气象现代化项目建设，全市综合气象监测能力有效提高。

2．气象服务防灾减灾成效显著

宜宾市气象局在全省率先开展城市内涝风险联合会商预警发布工作，建立

了高级别气象预警信号精准靶向全网发布机制，共服务了25场区域性暴雨天气过程和众多局地性暴雨、强对流天气的防灾减灾工作，开展了一系列重大气象保障服务，受到地方党委政府、有关部门、社会公众的充分肯定和赞誉。

3．多举措提升预报精细化水平

一是着力强化各级气象业务系统应用及本地化气象业务平台和业务系统研发，深化数值预报模式本地应用。二是深入开展预报预警服务技术、方法、思路复盘总结，组织全市灾害性天气过程预报预警服务技术复盘总结交流11次，先后3次在全省复盘总结交流会议上发言交流。三是强化“科研型业务”与“业务型科研”有机结合，科研实力不断增强，市局先后研发了宜宾市气象监测预警平台、宜宾市城市内涝监测预警平台、向家坝水电气象预报服务平台等一系列业务系统，近3年有31项市局自立科研课题完成验收，成功申报5项四川省重点实验室科技发展基金项目，1项研究成果获中国气象局成果登记、2个科研项目获得省气象学会气象科学技术进步成果奖，1人获2021年宜宾市“十佳最美科技工作者”称号，3篇论文参加全国气象部门交流，5项创新项目被省局评为全省气象部门创新成果并推广。四是成立精细化预报预警创新团队，强化本地化业务研究攻关，解决了一系列业务工作中的技术难题。五是先后与中国气象局国家大气探测重点实验室、重庆市涪陵区气象局、宜宾学院签订合作协议，共同提升气象科研创新服务能力。

4．科技人才结构进一步优化

市局党组制订实施宜宾市气象部门“138”人才计划，培养了一批省局和市局的基层业务技术带头人、中青年专家、国家级业务检查员，全市气象人才队伍结构持续优化。

二、存在的短板弱项及原因分析

宜宾市气象监测站网还难以支撑精细化预报预警需求。宜宾市当前自动气象站网主要布局在乡镇场镇附近，一些山区、人口稀少和边远区域还存在气象探测监测空白区；宜宾市虽有3部天气雷达，但还存在部分雷达监测盲区，尚未实现高频次、精细化、全覆盖的雷达监测。

气象业务的科技支撑和核心业务技术攻关能力较薄弱，区县气象局研究型业务能力建设和精细化、本地化核心预报技术水平亟须进一步提升。

重大气象灾害和突发事件应急气象保障能力不足，精准化、特色化、专业化气象服务产品供给处于较低水平，气象服务能力与社会需求之间还存在较大差距。

区县气象局气象现代化建设发展不平衡，存在重硬件轻软件、重建设轻使用的现象，大数据、人工智能等新一代信息技术应用不足。

基层应用新技术新方法解决业务问题的能力不足，区县气象局这一层级缺少驱动气象科技深入发展进步的技术力量和骨干人才，一些业务人员只能使用较为简单的产品以应对工作需求，部分资源没有被充分利用起来。主要原因：一是缺少能够简便快捷获取产品的途径，特别是图形产品调取速度慢，影响使用体验；二是基层能力跟不上顶层设计要求，基层人员综合素质和技术能力参差不齐，许多产品基层业务服务人员不会熟练使用；三是部分业务人员安于现状，主动学习精神不足。

一些区县气象局本地化自主预报能力弱，预报预警服务过于依赖上级部门指导，部分业务人员对预报技术和方法掌握不深，影响预报预警服务质量效率；一些基层业务人员对预报预警技术钻研精神不足，与地方其他业务部门合作较少，科研氛围不够浓厚。

气象科技成果业务转化应用能力有待加强。气象科研项目的申报审核流程还不够科学，部分科研成果缺乏应用前景，部分科研课题的立项选题受申报人自身技术研发能力所限，更多地出于能否完成来考虑，未能从解决业务实际问题出发，存在为了科研而科研的现象，部分项目只注重项目的“实现”，不注重成果的“转化”。

三、下一步工作举措

（一）加强气象基础能力建设，提升气象监测预报预警能力

1. 加强规划布局，建设更加精密的气象探测监测系统

一是以顶层设计为指针，以本地化为抓手，加强顶层设计与基层实施的有机结合，科学统筹和编制宜宾气象观测站网布局规划。二是根据需求，重点填补宜宾市长江、金沙江、岷江、中小河流及主城区、北部浅丘、南部山区气象探测监测盲区，科学加密区域自动气象站网和天气雷达探测站网。三是完善气象卫星产品的业务化应用，进行风云三号、四号气象卫星遥感本地化业务应用系统开发组建。四是健全本地气象观测质量管理体系，推进气象观测质量管理效益发挥。

2. 强化研究型业务建设，提高气象预报预警准确率

一是全面推进市局、区县局数值预报模式应用、智能网格预报订正、灾害性

天气预报预警等关键技术本地化使用方法的研究开发。二是强化宜宾地区灾害性天气和气候异常机理研究，针对宜宾特有地区地形、气候背景开展灾害性天气和异常气候的背景分析，结合预报员本地经验，总结凝练天气预报模型，提高气象预报预警准确率和时空分辨率。三是完善中短期和延伸期智能网格预报预测业务，健全快速滚动更新的本地化短时临近预报预警业务，实现预报预警落区精准到流域、区县、乡镇、村社、重要景区、重点园区，推进突发性、短历时、高强度灾害性天气的监测识别和实时预警。四是开展全流程、全时效、精细化预报检验业务，强化气象基础数据及客观预报产品在预报预警分析中的支撑作用。五是做深做细灾害性天气预报预警服务复盘总结工作。

3. 强力推进“云＋端”业务，提升气象信息化水平

强化本地“云＋端”业务技术体系建设和数据、网络、业务安全防御，开展“微信机器人”“数字气象台”开发和现有业务应用“云化”改造，提升气象信息安全风险管控能力。

4. 深化技术合作，加强本地气象科技创新

一是加强本地气象监测与预报预警技术创新，持续开展本地化、精细化、精准化预报预警关键核心技术的研发攻关；研发多源资料融合实时分析、主客观预报最优融合技术。二是针对宜宾市区域性、局地性暴雨和强对流天气多发、重发、多灾并发特点，重点研发暴雨、大风、冰雹、雷电、大雾、高温、干旱、低温连阴雨等高影响、高致灾性天气的客观化、本地化、自动化预报预警技术以及极端天气事件、气候异常的分析预测技术，提升灾害性、高影响天气预报预警服务水平。三是重点研究气象条件、气象灾害对山洪地质灾害、中小河流洪水、江河流域防汛、城市能源调度、地面交通、海事航运等影响评估及风险预警技术，修订完善灾害性天气高影响行业气象敏感条件阈值体系。四是加强与成都信息工程大学、宜宾学院的局校合作，强化与川南和云贵毗邻市州气象部门科技合作，重点在气象探测监测、智能网格预报产品应用、气象业务服务平台组建、生态环境和乡村振兴气象服务、大气污染防治、森林防灭火等方面加强横向交流与科研合作，提升宜宾市气象科技水平。

5. 强化部门改革，健全完善气象业务和科技体制机制

进一步深化全市气象业务改革，加强科研项目“揭榜挂帅”工作，加大科研经费投入，做好中国气象局专项、四川省重点实验室和市科技局科研项目、本局自立项目的储备申报、评审立项、研究验收和成果应用转化。聚焦宜宾市重点气象业务科技难题和关键技术，发挥创新团队凝聚科研和业务人才的优势，培养灾害

性天气监测预警、智能预报服务骨干人才，建立完善市、区县两级气象专家传、帮、带制度。

6. 做好“十四五”项目落地落实，推进气象现代化建设

抓紧市里“十四五”总体规划和有关专项规划已列入的气象项目的落地落实，强力推进宜宾市人工影响天气示范基地、基层气象台站基础设施建设、“三江新区”防灾减灾气象服务系统等“十四五”项目和气象监测预警“防风险、补短板”项目的落地落实，推进宜宾气象现代化建设再上台阶。

（二）提升气象服务能力，筑牢气象防灾减灾第一道防线

1. 着力提高气象灾害预警信息发布质量和时效

一是进一步改进规范市县气象预报预警信息发布、传播、叫应、管理机制，有效开展高级别预警信号全网定向发布，依托气象网站、电视、声讯、“宜宾气象”微信微博、抖音、今日头条等传统媒体和新媒体，扩大气象预报预警信息的覆盖面、关注度。二是深化本地应急管理、防灾减灾部门和新闻宣传媒体、应急广播、通信运营商对气象预警信息发布的有机联动，健全完善气象预警信息“横向到边、纵向到底”的传递和叫应机制。

2. 打造完善公共气象服务体系

一是推动气象大数据与地方有关部门、社会实体、社会公众的融合应用，推进气象信息服务深度融入网络、广播、电视、短信等公共信息体系。二是加强公共气象服务业务技术改革，优化“宜宾市交通旅游气象服务系统”等气象服务平台功能，完善公共气象服务产品质量，创新服务内容，丰富产品种类，提高公共气象服务的影响力和满意度。

3. 强化宜宾大城市建设与管理气象保障服务

推动宜宾气象服务深度融入宜宾大城市防灾减灾重点领域建设，推进“智慧气象”与应急管理、公安、消防、生态环境、水利、交通、住建、城管、自然资源、农业农村、旅游、文教卫生、绿化园林、海事等行业的服务协作，完善城市内涝监测和风险气象预警服务，尽力减轻大城市暴雨、大风、大雾、雷电、冰雹、高温、干旱、低温连阴雨等灾害损失和极端天气气候事件的影响危害。

4. 加强重要生态系统气象保障服务

积极开展多部门多源协同气象观测，应用气象卫星遥感和气象条件影响评估技术开展城市热岛、气候变化影响评估，开展“中国天然氧吧”“中国气候宜居

城市”等气候生态品牌创建。

5. 提升大气污染防治气象服务能力

加强与生态环境等部门协作，推进宜宾市大气污染防治专项气象预报服务的数据共享、会商研判和应急联动，提高空气质量和重污染天气联合预警准确率。加强大气污染防治气象因素基础分析研究和气象条件对主要污染物扩散影响评估。及时发布重污染天气人工增雨专题天气预报，适时开展人工增雨清污作业。

6. 提升乡村振兴气象服务保障能力

一是以满足宜宾乡村振兴战略需求为导向，以保障宜宾市粮食安全为己任，优化农业生态气象站网布局，推进三江新区农业气象基地和农业气象试验站建设。二是围绕宜宾市优质水稻、玉米、高粱、茶叶、蚕桑、蔬菜、水果、油樟、竹产业等特色农业，建立不同种植养殖品种的农业气象服务产品及指标体系，分区域、分灾种发布农业气象灾害信息和粮食产量预报信息。三是强化对气象灾害风险普查成果的应用，推进农业气候区划和特色农产品气候品质评价认证。

（三）打造高水平气象人才队伍，厚植气象高质量发展沃土

1. 强化气象业务服务人员培训交流

狠抓现代气象业务新技术新方法的系统培训，通过岗位培训、专业培训、上挂下派、常态化业务学习考试竞赛等方式，强化基层业务人员素质提升。

2. 进一步优化气象人才发展环境

坚持党管人才的导向，积极实施省局党组“161”人才计划和市局党组“138”人才计划，健全与岗位职责、工作业绩、实际贡献紧密结合的人才激励机制，加大中青年气象科研人才、基层气象骨干人才的培养力度，加快形成宜宾市气象人才队伍的梯次结构，打造宜宾气象人才高地。

（四）强化党建引领，促进党建和业务深度融合

坚持基层气象台站党建工作的鲜明导向，着力推动党建与气象业务服务的深度融合，把业务工作的难点作为党建工作的重点，从制约业务工作的薄弱环节和焦点难点上求突破，强化政治和组织保障，充分发挥基层党组织的战斗堡垒作用和党员的先锋模范作用，以高质量党建保障宜宾气象事业高质量发展。

新型应急管理体系下气象灾害预警信息应急响应机制调研分析报告

王佳禾　杨继国　陈　洋　陈　瑾　江　滢　张晓美
张天力　胡明新　朴明威

（中国气象局公共气象服务中心（国家预警信息发布中心））

我国是世界上受气象灾害影响最严重的国家之一，气象工作在防灾减灾中的作用日益凸显。党中央、国务院高度重视防灾减灾救灾工作，中国特色的应急管理体系目前已经基本形成，建立新型应急管理体系下的气象灾害预警信息应急响应机制，是充分发挥气象防灾减灾第一道防线作用的一项重要课题。面对应急管理体系的重大变革和新时期防灾减灾新要求，通过文献查阅、省级调研、"7·20"郑州暴雨事件案例分析等方式，梳理我国气象预警响应的历史和现状、成绩与不足、机遇和挑战，形成完善预警信息应急响应机制的建议，对提高气象服务保障能力、筑牢气象防灾减灾第一道防线具有重要意义。

一、气象灾害预警信息响应机制建设历史沿革

（一）我国防灾减灾体系历史发展背景

新中国成立以来，我国的防灾减灾应急管理可划分为两代：第一代应急管理经历了1950年中央救灾委员会和1989年中国国际减灾十年委员会两个历史阶段，时间自1949年中华人民共和国成立至2003年"非典"事件期间，其特点是分灾种管理。第二代应急管理是2003年"非典"事件之后到现在，经历了2005年国务院应急管理办公室和2018年应急管理部两个历史阶段，主要是以"一案三制"为核心全面建设的现代应急管理体系，主要特点是综合化管理。2003年"非典"之后，中国开始建设以"一案三制"为核心的应急管理体系。应急管理部成立之后，应急管理的外延虽然发生了显著的变化，一是从综合协调体制向统一指挥、权责一致、权威高效体制转变；二是从多部门协同应对向更加专业化、职业化

管理转变，用更加集成的方式实现了职能重组；三是从临时性指挥机构向常设制、常态化治理组织转变；四是从侧重应急处置（事中、事后）向危机管理的全过程（事先、事中、事后）转变。因此，注重灾害预防，重视危机管理的全过程，是应急管理发展的新动向。

（二）气象灾害预警响应机制法律基础

1999 年《中华人民共和国气象法》颁布，2010 年国务院出台《气象灾害防御条例》（简称《条例》），对各部门针对气象灾害防御作了具体规范，要求"国务院气象主管机构和国务院有关部门应当按照职责分工，共同做好全国气象灾害防御工作。地方各级气象主管机构和县级以上地方人民政府有关部门应当按照职责分工，共同做好本行政区域的气象灾害防御工作"。《条例》明确了当气象灾害应急预案启动后，民政、卫生、交通、住建、电力通信、资源、农业、水利、公安等部门的应急工作规范。2016 年，国家推进防灾减灾救灾体制机制改革，气象部门进一步健全完善"党委领导、政府主导、部门联动、社会参与"工作机制，牵头建立气象灾害预警服务部际联络员会议制度，在 28 个部门的共同努力下，气象灾害防御部际联动机制日益规范，全国 31 个省级气象部门与政府各部门形成有效的气象灾害信息共享机制，气象灾害信息双向共享部门达到 508 个；气象与应急管理、文化旅游、交通、卫生、水利、生态环境等部门建立了联合会商、联合预警、联合调研、联合发文等机制。以预警为先导，全社会应急联动机制不断完善。

（三）突发事件预警信息发布体系建立

国家突发事件预警信息发布系统是国家"十一五"应急体系规划中首个重点工程，建成 1 个国家级、31 个省级、342 个地市级管理平台和 2015 个县级预警信息发布管理终端，形成覆盖全国的四大类突发公共事件预警信息统一发布系统，形成"一纵四横"的预警信息发布体系和"一通四达"的预警信息立体传播体系。中国气象局在当时国务院应急办的领导下，承担国家突发公共事件预警信息发布系统建设、运行与维护，并为各部门提供预警信息发布服务。该系统于 2015 年 5 月 1 日上线运行，形成上联国务院，横向连接部委、厅局，纵向到地市、县的相互衔接、规范统一的预警信息发布体系，实现面向各级政府领导、应急联动部门、应急责任人和社会媒体的全覆盖，为有效应对各类突发事件、提升各级政府应急管理水平提供技术支撑。截至 2022 年，全国 20 余个行业（部门）利用国家突发事件预警信息发布系统发布涵盖四大类突发事件的 200 余类预警信息共计 240 万条，利用 12379 短信平台向 132.9 万应急责任人发送预警短信 180 亿人次。

（四）郑州“7·20暴雨”事件的历史标志

2021年7月17—23日，河南省遭遇历史罕见暴雨，造成全河南省150个县（市、区）1478.6万人受灾，因灾死亡失踪人数398人，直接经济损失1200.6亿元。国务院灾害调查组发布的《河南郑州“7·20”特大暴雨灾害调查报告》表明，在应对极端暴雨灾害中，当地表现出气象灾害应对部署不紧不实，应急响应严重滞后，应对措施不精准不得力，关键时刻统一指挥缺失，预警响应联动机制不健全，防汛指挥体系不顺畅，应急预案操作性和针对性不强，汛情险情灾情管理不规范，城市运行安全隐患排查不到位，防洪排涝能力不足，媒体宣传警示作用和社会动员不够等一系列问题。报告建议要全面开展应急预案评估修订工作，强化预警和响应一体化管理，加快自然灾害防治相关法律法规制修订。所以，建立部门协同式应急管理流程、完善气象灾害应急管理机制具有现实价值与意义。

二、国外气象灾害响应经验教训及思考

美国气象灾害实行统一领导和分两级管理，灾害行政管理对策的第一责任者是灾害发生地区所在的州，气象灾害急救主要是由所在州紧急救援管理局组织实施，美国国家天气局（NWS）负责各种气象灾害监测预警和相关管理工作。日本建立了比较健全的灾害预警机制，气象厅针对重大气象灾害及时发布预报和警报，各级政府根据事先制订的区域防灾计划启动警戒和应急机制，进行防灾部署，形成了政府、社会团体、企业、志愿者等共同参与的防灾救灾应急行动。英国设立了以首相牵头的“防灾紧急事务委员会”，委员会成员由政府各部的部长组成，负责统一领导、指挥和协调全国应对气象灾害，英国政府对待气象灾害的防范原则是采用“属地管理”。德国气象防灾减灾采用以政府管理为主导，各州拥有较大的自主权。联邦内政部所属的公民保护与灾难救援署（BBK）和联邦技术救援局（TWH）共同担负气象防灾减灾责任，支持各州开展气象灾害救助工作，德国气象局履行发布危险天气警报的职责。

尽管一些发达国家在防灾减灾方面取得很好的进展，但是面对当前极端天气灾害频发、高发、重发的局面，仍不断暴露出种种不足。2021年毁灭性龙卷风重创美国数州，气象部门提前4天渐进式发布预报预警信息，但仍造成超过100人死亡。《纽约时报》指出，与其说此次应对工作是缺乏预警信息，不如说是缺乏对预警的反应，经事后复盘分析，灾害极端、一些人员不重视或不知在短时间内

如何应对、有些企业接到预警仍不停工等是造成大量人员伤亡的重要因素。发达国家如此，面对极端天气灾害，发展中国家应对则更为吃力，建立与气候变化相适应的防灾体系是一个庞大的系统工程，是需要各级政府、各行业、百姓共同参与的事业。

三、我国预警信息应急响应成效与挑战

（一）国家级顶层设计提升应急响应能力

2022年6月16日，中国气象局与应急管理部联合印发《关于强化气象预警和应急响应联动工作的意见》（简称《意见》），要求强化气象预警和应急响应联动工作。《意见》明确要强化气象预警与应急响应信息横向互通，各级应急管理部门在组织修订防汛抗旱应急预案时，要把气象预警纳入应急响应启动条件，强化气象预警与应急响应联动机制，强化直达基层责任人的气象红色预警"叫应"机制以及气象红色预警县域防范应对指导，强化气象预警和应急响应信息社会发布机制，进一步完善递进式气象灾害预警服务机制等。《意见》固化了"应急＋气象"的模式，强化了气象预警和应急响应联动的重要地位，确立了气象灾害预警信息在防灾减灾中"发令枪"的作用，为各级各部门制定气象灾害预警应急响应联动提供了指引和规范。

中国气象局与各部委预警联动机制建设不断加强。与交通运输部建立和完善了共享发布及应急联动预警工作机制，与公安部交管局、交通运输部公路局等建立公路交通气象灾害应急联动机制试点，建立气象、公安、交通三部门高速公路气象灾害的应急联动机制和相关应急处置策略；与农业农村部建立预警业务服务体系，加强信息共享，在灾害等级和范围到达阈值时，面向公众启动常态化、精细化联合发布农业气象灾害风险预警服务；与自然资源部签署《关于深化地质灾害气象风险预警工作的合作协议》，探索推动地质灾害气象预警预报向地质灾害气象风险预警转变，完善预警响应机制；与国家卫健委进一步健全联动机制，强化突发事件预警信息发布系统肺炎疫情信息发布工作，切实解决防疫信息传播"最后一公里"问题；与住房和城乡建设部建立城市内涝联合预警工作机制，加强城市内涝信息共享；与国家发展改革委联合进一步规范城市内涝防治信息发布工作。随着和各部委的合作不断深化，以气象灾害预警信号为先导的应急响应机制也在各行业不断加深，气象灾害预警信号"发令枪"作用凸显。

（二）各地因地制宜部门合作联动效果好

近年来，各地因地制宜开展气象灾害预警信息各部门联动工作，不断完善和规范。福建省与45个部门1857家单位建立健全快速、通畅预警信息共享机制和发布渠道，“数智”预警服务涉及气象、自然资源、水利、卫生健康、地震、海洋与渔业等数十个部门，共用预警发布一平台、共织预警传播一张网。重庆市政府正式批复重庆市多灾种应急联动预警体系示范区建设，切实发挥智慧预警在气象灾害应急联动中的作用，会同15个行业部门针对11类灾害细化部门预警发布及响应规范。江西省重点强化预警叫应能力提升，建立了强降水“631”风险预警响应工作机制，“12379”预警叫应系统实现短时强降水灾害性天气直接叫应党政领导、基层防灾责任人。天津市防汛抗旱指挥部印发《应对极端强降雨天气预警信息和防护提示信息发布机制》，全市供水供电等十余个相关部门与气象部门逐一制定极端强降雨应急机制，明确启动标准，关联“关、停、限、避”等具体措施。浙江省强化预警发布业务能力建设，完善精准推送机制，筑牢第一道防线，预警共享接口实现预警信息部门业务深度融合。根据调查，全国各省（区、市）均和相关部门建立了气象灾害预警响应机制，并按照《气象高质量发展纲要（2022—2035年）》要求在实践中不断完善和深化。

（三）新阶段新要求机制建设存在新挑战

一是监测预报能力不精，制约联动机制建立。目前灾害性天气监测预报能力不足，预报的准确率、精细化水平还有差距，灾害影响预报和风险预警能力有待提升，风险预估预警业务体系不健全，支撑能力弱，重点、高敏感地区和行业的风险防范能力不足。二是预警发布能力不足，影响联动响应效果。对突发性、局地性天气的气象灾害预警时效性、实用性、精细化程度还有待提高，气象灾害预警信息尚未做到各行业的精细服务和融入，预警信息发布传播针对性不强，很多仍处于“大水漫灌”阶段。三是防灾减灾体系不顺，阻碍联动机制高效。我国综合防灾体系和应急联动机制并不健全，部分省（区、市）及地区应急委员会并没有将气象纳入，应急联动工作机制不够顺畅，以气象灾害预警信息为先导的政府和社会应急联动机制尚未完全建立，基层重大灾害性天气“叫应服务”标准和工作流程还不完善。四是社会认知能力不够，缺乏联动参与意识。社会公众应急意识、风险意识和自救互救能力亟待提高，应急防灾和危机意识、接受防灾知识教育等方面相对薄弱，气象防灾减灾科普宣传覆盖面不足，科普宣传渠道和手段较单一，气象防灾减灾融入地方社会治理体系不够。

四、完善预警信息应急响应机制的建议

一是推动气象灾害预警业务体系的完善和提升。气象灾害预警业务能力提升是建立气象灾害预警信息应急响应机制的基础，要不断完善观测系统和预报预警业务体系建设，进一步完善气象灾害预警业务体系，强化关口前移的“气象+”风险预估预警业务服务体系，不断提升气象灾害预警在各行各业的融入，为建立应急响应机制建立扎实的基础。二是持续推进国家预警信息发布业务能力。要不断提升精准、高效、广覆盖的国家预警发布业务能力，完善气象灾害预警信息发布和传播机制，是建立气象灾害预警信息应急响应机制的基础与保障。进一步发展平台应用服务、防灾减灾辅助决策等功能，提升预警信息发布的直达能力，强化重大气象灾害预警信息快速发布和应急联动机制建立。三是不断强化部门行业协同联动防范体系建设。推动完善“党委领导、政府主导、部门联动、社会参与”的联动协同机制，深化部门合作，联合开展专题会商与临灾会商研判，强化部门联合预警制度流程规范，健全气象防灾减灾全社会动员参与机制，完善全社会参与的气象防灾减灾救灾体系和气象防灾减灾责任体系，各相关部门必须各司其职、各负其责，共同做好防范应对气象灾害工作。四是完善气象防灾减灾复盘检验和效果评估体系。建立重大气象灾害服务效果评估和反馈机制，对重大气象灾害过程进行复盘分析和效果评估，评估聚焦社会效益和经济效益，注重将复盘成果及时转化为业务能力，将评估结果提升为决策能力，使复盘和效果评估工作成为推动气象事业高质量发展的有效抓手，成为气象灾害预警信息应急联动的推动力。

青岛区、市气象部门岗位需求与人员现状等调研报告

顾润源

（山东省青岛市气象局）

为进一步把握青岛区、市气象部门岗位需求与人员现状，分析、总结典型做法，解决存在问题，理清工作思路，推动青岛气象高质量发展，2022 年 9 月中下旬，以青岛局党组书记、局长顾润源为组长，人事教育处相关同志为成员组成调研组，围绕区、市气象部门岗位需求与人员现状组织开展了调研工作。

一、调研背景与主要内容

（一）调研背景

县级气象部门的发展，历来受到中国局党组、省局党组和地方党委政府的重视。县级气象部门机构小、编制少，但基础气象业务多、服务面广，直面、解决县级气象部门发展瓶颈和存在的问题尤其是人才问题，是解决气象部门高质量发展的重要课题。

青岛局所属县级气象机构有 7 个，包括 4 个区气象局（正处级）：崂山局、城阳局、黄岛局、即墨局，3 个市气象局（正科级）：胶州局、莱西局、平度局。本次调研在上述 7 个区、市局展开。

（二）调研内容

本次调研围绕 7 个区、市局岗位需求与人员现状进行，通过调研其机构、岗位设置、人才队伍现状和需求情况，分析典型做法、找出存在问题，同时对人员及发展需求的财政综合保障、基础设施建设等情况进行调研，并征求推动气象高质量发展意见建议等。

二、调研方式

采取深入区、市局现场调研与书面调研相结合的方式进行。9月中下旬，调研组安排在莱西局、崂山局开展了现场调研，主要通过听取介绍、交流座谈、实地考察等方式，了解莱西局、崂山局的基本情况和存在的问题。同期，在全部7个区、市局进行了书面调研，收到情况报告7份、无记名调研问卷108份(包括在编和编外全部人员)，调研组对各单位提交的情况报告和问卷进行了统计与分析，结果体现在本调研报告相关部分内容中。

三、基本情况

(一)区、市局机构与岗位设置情况

区、市局机关设置综合管理办公室、防灾减灾科2个内设机构，下属气象台1个公益一类事业单位。在职人员主要从事综合管理、气象业务和科技服务创收(主要为防雷创收)三大类工作。各区、市局均有下属公司。

(二)区、市局人才队伍建设情况

区、市局现有参公人员年龄整体处于偏大状态；个别单位队伍结构不合理(包括人员年龄结构、学历结构、专业结构、职称结构)；高级职称人员偏少，与青岛地处沿海发达地区、人才相对集中的情况不符；编外人数超过在编人数，占总人数的57%，同时有大量编外人员工作在气象基础业务一线，占比达46%。

(三)典型个例分析

在调研中发现，莱西局岗位设置比较科学合理，人才培养措施有力，多年来成绩显著，莱西局气象基础业务质量稳定，一直排在全市前列，从2013年起，在青岛市县级综合业务竞赛中，连续10年荣获团体第一；2人分获全国、全省气象行业职业技能竞赛“个人全能第一名”；1人获全国气象部门优秀县局长。莱西局是一个优秀的典型，其经验值得总结并具有借鉴意义。

1. 莱西局岗位设置和人员现状分析

莱西局现有在编人员6人、合同制人员5人、劳务派遣厨师1人。其中，局领导2人，按照省局党组要求，建立了3人集体领导小组；气象台4人，全部为在编人员；防雷服务5人，全部为企业合同制人员。

目前设置三类岗位。一是综合管理类：设行政岗位 2 个，由 2 名局领导承担；党建岗位 1 个，由副局长兼职；文明创建岗位 1 个，由业务人员兼职；财务管理岗位 1 个，由业务人员兼职；安全执法岗位 1 个，由业务人员兼职。二是气象业务类：预报预警与服务岗位 2 个，综合观测岗位 2 个，由业务人员担任，实行 4 人轮流兼岗制度；装备保障、人影作业由业务人员兼任。三是科技创收类：防雷创收岗位 5 个，由编外人员担任。

莱西局编内与编外人员职责明确、管理规范、工作氛围好。局领导分工明确，每人都承担具体工作，发挥了很好的示范和表率作用。

2. 莱西局在岗人员工作量分析

莱西局的高效运行，是全体工作人员团结和谐、勤奋努力、超负荷工作的结果。据统计，除防雷创收等企业性质工作外，莱西局全部日常工作的月平均工作量为 220.5 人·天，以每月 22 个工作日推算，至少需要 10 人承担以上工作任务。该局现有在编人员 6 人，目前所属企业 1 人承担部分编内人员的工作（包括公文周转、物资采购、车辆管理、行政审批、物业管理等），以此测算，莱西局现有人员每人每月工作量约为 32 天，各个岗位上的人员都处于超负荷运转状态，每月一半以上时间均在加班，从长远来看，不利于单位可持续发展。从现有党建和党风廉政建设的月平均工作量（26.5 人·天）来看，仅此一项工作就需 1 人承担。

四、发展中存在的问题及原因分析

（一）存在的主要问题

1. 人才队伍方面

一是领导干部队伍知识更新不够，个别干部跟不上时代发展的步伐，需进一步加大培训力度。二是年轻人才的培养力度不够，区、市局最近几年新进了一些青年人员，通过推进科研导师制、创新团队建设等带动成长，但由于日常工作繁多，没有更多时间进行科研和创新。三是区、市局编制较少，编外人员对气象事业的发展是一个重要补充，需高度重视。

2. 岗位设置与管理方面

一是部分区、市局岗位设置不合理，区、市局现有从事管理岗人员 52 名，从事业务岗人员 33 人，从事防雷等创收岗人员 32 人，管理岗位人员偏多。如个别单位在编人员几乎都在管理岗位，个别参公人员还从事防雷创收工作。二是有的区、市局管理不规范，制度不健全、落实不到位，激励和约束机制不够。如个别单位人员多，工作分配不合理，部分人员工作效率低下，存在混日子现象。

3. 综合财政保障方面

一是各区、市局在落实双重计划财务体制上存在差异，在编人员的津补贴虽已落实，但夜班费、地方出台的基础绩效奖、年度考核奖、带薪年休假补贴、退休人员精神文明奖，甚至养老保险所需缴费等并没有全部落实到位。另外正常的地方财政支持资金增长机制也需要进一步完善。二是有的区、市局虽然通过地方政府购买服务解决了编外人员一部分资金所需，但因标准偏低，补差压力较大。三是防雷创收压力大。大部分单位在防雷体制改革后，稳定住了防雷年度检测市场，保持了一定的服务收入，但因外部市场管理混乱、竞争激烈，同时内部激励等措施不得力，防雷收入大幅减少，编外人员待遇不高。

4. 气象高质量发展方面

一是实施搬迁的区、市局建筑面积普遍较大，存在闲置浪费现象。日常维持(如电、暖以及管理等)费用较大，中央和地方拨付的日常维持经费不足。二是公务用车制度改革后，保留车辆多已年久老化，需进行更新。同时，因无执法车辆，一定程度影响了执法、监管等职责的履行。三是有的区、市局业务会商室视频系统以及配套设施老化需进行更新换代。四是有的区、市局早期利用地方和自筹资金投资建设的大部分区域自动站急需更新换代。五是随着防雷创收收入的不断减少，利用自有资金进行业务项目建设已不可能，将来资金投入将更多依赖中央和地方财政。

(二)原因分析

1. 青岛局层面的原因

一是统筹发展规划方面。青岛局党组历来高度重视区、市局发展，但在整体发展布局上还有不足的地方。如在人员分配中，没有很好注意平衡各区、市局的情况；在人才培养中，容易把重点放在青岛市气象台等直属单位，对区、市局抓得不够。二是深入基层调查研究方面。青岛局领导虽每年都到区、市局开展调研工作，但全面深入调研的次数不够多，有时不能及时掌握一些真实情况，在日常指导、服务上有欠缺。三是管理监督方面。对区、市局的监管不够严格，有的单位个别人员存在不作为、不担当现象，有的单位工作推进不够及时。

2. 区、市局层面的原因

一是主体责任意识不够强。有的区、市局没有完全厘清职责、落实职责，存在等靠要的思想。二是制度建设和落实不够到位。有的区、市局规范化、制度化管理机制不够完善，出现管理漏洞，造成有的人员履职尽责不到位。三是干事创业氛围不足。有的区、市局在营造干事创业环境、氛围上有差距，单位内部没有形成强大共识和最大合力。

五、工作措施与对策建议

(一)科学设置岗位、合理安排人员

一是按照岗位、分工、职责三明确的原则，做到人人有岗位、人人有事干、人人都尽责。除局领导外，建议区、市局综合管理配备2～3人、气象业务服务配备4～5人(基本站5～6人)、科技(防雷)服务配备4～5人(市场和创收较大的单位5～6人)，区、市局总人数控制在13～18人。

二是在岗位安排上，除局领导外，各区、市局在编人员原则要求在气象业务服务岗位工作，新进在编人员必须到气象业务岗位工作，落实副局长参加气象业务值班制度。

三是加大综合型人才培养，对区、市局要立足现有人员，有计划有步骤地培养综合管理岗位上的文秘、财务、行政执法、党务等人才，做到一专多能。

四是区、市局要根据岗位职责，完善管理、考核制度，加大考核、约束力度，以制度规范工作人员行为，用制度提高科学管理水平。

五是根据区、市局人员编制规定，对不满编的单位尽快给予配齐。

(二)大力培养选拔优秀年轻干部

一是继续强化干部队伍建设。着眼区、市局长远发展需要，遴选掌握和培养一批优秀年轻科级、处级领导干部。选好配齐配强区、市局领导班子，不断优化区、市局领导干部队伍结构。结合实际，对跨岗任职的年龄偏大或不适合担任领导干部的同志及时进行调整。

二是加大干部交流力度。根据人岗相适、人事相宜的原则，建立人才上下流动机制，青岛局机关和直属事业单位优秀年轻干部安排到区、市局任职或挂职锻炼，区、市局优秀年轻干部交流到青岛局机关任职或挂职。

三是加强对领导干部的管理、考核和监督。根据上级有关领导干部考核办

法，结合实际抓好贯彻落实，强化执纪问责，不断增强干部使命感、责任感。

四是完善正向激励机制。对政治素质高、工作能力强、担当作为、业绩突出的领导干部，通过提拔任用、岗位调整、职级晋升等措施，加大正向激励；对年龄偏大或近退休、工作业绩较突出的领导干部，通过职级晋升提高待遇。

（三）加快人才培养步伐

一是青岛局层面，继续深入推进科研导师制、科研课题制、竞赛激励制、挂职锻炼制和创新团队建设等行之有效的人才培养方法；加大人才交流力度，对人员队伍结构不合理的区、市局，通过交流、引进、补充等方式，不断进行调整；进一步完善职称聘用管理制度，完善竞赛奖励制度，完善嘉奖和记功等激励制度；加大纵向、横向与上级业务科研部门及高校合作力度，通过出国进修、访问学者等形式培养高层次人才。

二是区、市局层面，结合实际，进一步完善重在岗位成才的人才培养机制，通过培训、交流、引进等方式加大人才培养力度，不断满足人才需要；对在工作中表现突出、业务竞赛中成绩优异的人员，在职称聘任、提拔使用、岗位安排等方面予以优先考虑；对不思进取、不求上进的人员，在专业技术职务聘任、人员上下流动等方面予以限制、予以督查。

（四）增强综合财政保障能力

一是创新财政保障模式。资金状况面临压力的区、市局，要努力探索新的保障方式，如将中央财政投入、创收收入纳入地方财政，由地方财政进行统筹，按照收支平衡原则，不足部分由地方财政承担。青岛局在政策层面要加以引导，论证可行性，努力取得突破。

二是各区、市局要增强危机感、增强工作的前瞻性，加大争取地方财政支持力度，进一步完善双重计划财务体制。要全面落实在编人员的养老保险缴纳经费、基础绩效奖、年度考核奖等所需资金，落实退休人员文明奖等。

三是没有实行编外人员政府购买服务或财政资金支持薪酬待遇的区、市局，要积极采取措施、推进落实。

四是青岛局在政策层面要加以引导，多争取有关部门的支持，推动区、市局落实地方财政资金，保障气象事业可持续发展。

（五）加强编外人员管理

一是按照“谁用工、谁管理、谁负责”的原则，各区、市局要履行主体职责，强化编外人员考核，落实教育培训、职称评定、档案管理、借用管理等规定。

二是各区、市局要及时掌握编外人员有关情况，把控好风险。

三是职能处室要指导各区、市局规范编外人员薪酬待遇；要监督、控制编外用工数量，确保只减不增，不断降低编外人员占比。

（六）全面加强党建工作

认真学习贯彻落实党的二十大精神，以习近平新时代中国特色社会主义思想武装广大干部职工头脑、指导工作、推动实践，切实加强基层党组织建设，发挥党支部的战斗堡垒作用，发挥党员的先锋模范作用，加强政治建设，坚定理想信念，增强“四个意识”、坚定“四个自信”、做到“两个维护”，把初心和使命牢记在心中、落实在行动上、体现在当下抓落实促发展上，引导广大党员干部干事创业、担当作为、齐心协力推动气象高质量发展。

广东农村雷电灾害情况调研报告

熊亚丽　许雪松　唐星宇　贺小苗　彭明霞

（广东省气象局）

广东是全国雷暴活动高发区，具有发生频率高、电流强度大、活动周期长、致灾后果重等基本特征，雷电灾害在广东是影响仅次于台风、暴雨的重大气象灾害。广东也是全国雷灾最严重的省份之一，雷电灾害发生总数占全国雷电灾害数量的30%以上，其中，又以农村地区雷电灾害数量及伤亡最为严重。为贯彻落实习近平总书记"人民至上、生命至上"和"以大概率思维应对小概率事件"的防灾减灾救灾理念，进一步分析研判广东防雷减灾管理工作中存在的问题和薄弱环节，广东省气象局对2000—2021年全省雷灾情况进行了调研摸查，重点分析2010—2021年全省雷灾伤亡情况，同时到部分农村地区家庭进行实地走访考察，全面梳理分析全省雷电灾害调查统计资料，总结形成了广东雷电灾害情况调研报告。

一、广东2000—2021年雷电灾害数据情况

（一）雷电灾害总数及伤亡情况

据不完全统计，2000—2021年广东共发生雷电灾害事故21282起，其中，造成人员伤亡的雷电灾害事故708起，共造成人员伤亡1544人，居全国之首。其中，2010—2021年广东共发生雷电灾害事故5585起，造成人身伤亡的雷电灾害事故122起，共造成142人死亡、136人受伤。

（二）农村雷电灾害总数及伤亡情况

据不完全统计，2000—2021年广东农村发生雷电灾害2170起，位居全国第一。其中，造成农村人员伤亡的雷电灾害事故592起，人员伤亡1152人，一次性死亡3人以上的雷电灾害事故共16起。

（三）雷电灾害高发时段及区域

根据雷电监测数据显示，广东雷电活动频繁时段集中在每年5—9月，主要集中在珠江三角洲和粤北地区。其中，梅州市雷电灾害事故总数最多，共760起，其次是东莞市，共579起。从事故所处区域看，农村地区雷电灾害伤亡人数占比达76%，雷击造成人员伤亡最多的地区是湛江市，共49人，其次是广州市，共33人。

二、广东雷电灾害数据分析结果

（一）雷电灾害数量和伤亡人数总体呈下降趋势

从现有数据判断，2010—2021年广东雷电灾害数量和伤亡人数虽偶尔呈现波动，但总体呈下降趋势。广东于1997年颁布实施地方性法规《广东省气象管理规定》，于1999年制定出台政府规章《广东省防御雷电灾害管理规定》，是全国率先将防雷减灾活动纳入法制化管理的省份。为加强对广东防雷减灾活动的管理，近年来广东不断加大防雷减灾管理的人力物力投入，日常执法和科普宣传两手抓。省人大于2014年制定颁布《广东省气象灾害防御条例》（简称《条例》），省政府于2018年、2020年制定、修订颁布了《广东省气象灾害防御重点单位气象安全管理办法》（粤府令第254号）、《广东省防御雷电灾害管理规定》（粤府令第284号，简称《规定》），为进一步规范防雷减灾活动提供了依据和指引。

（二）农村仍为广东雷电灾害重灾区

对搜集到的数据进行统计分析得出，近22年来，广东农村地区平均每3.7 d就会发生一起雷电灾害事故，每7 d就会发生一起雷电灾害人员伤亡事故，广东农村雷电灾害事故发生频率远高于全国平均水平，农村仍为雷电灾害发生及造成人员伤亡的主要区域。

（三）雷电灾害给农村家庭带来的主要问题

据不完全统计，广东农村平均每起雷电灾害造成的直接财产损失为9.09万元。以2021年广东农村居民人均可支配收入22306元为参照，农村雷电灾害平均每起造成的财产损失相当于4.06个农村居民年均可支配收入之和。此外，农村因雷电灾害死亡人员年龄处于20～50岁的占77%，受灾农村家庭因丧失主要劳动力而导致收入不稳定、生活困难是一个主要的现实问题。

三、广东农村防雷减灾工作现状及存在问题

在中国气象局和广东省委、省政府的指导下，广东县级以上气象主管机构高度重视农村雷电灾害防御工作，依法履行防雷公共服务和社会管理职能，通过落实《中华人民共和国气象法》《气象灾害防御条例》及《条例》《规定》等法律法规，持续推动农村学校等公共场所防雷设施建设和隐患排查，不断丰富农村雷电灾害预警信息传播手段，深入开展防雷科普宣传，力争减少农村地区因雷电灾害造成的损失。但由于农村地区地域广阔、雷暴天气多、经济基础弱，防雷减灾工作形势依然严峻，主要存在以下问题。

（一）农村防雷减灾管理基层架构不完善

根据《中华人民共和国气象法》《广东省气象灾害防御条例》《国务院关于优化建设工程防雷许可的决定》（国发〔2016〕39 号）等，目前广东雷电灾害防御部门职责如下：

（1）省、市、县（区）三级气象主管机构是雷电灾害防御工作的组织管理部门。负责雷电监测和预报预警，雷电易发区域划定，组织实施雷电防护装置设计审核和竣工验收、雷电防护装置检测资质认定两项行政许可，并开展雷电灾害风险评估、雷电灾害调查鉴定等工作。

（2）省政府于 2003 年设立地方机构广东省防雷减灾管理办公室，2011 年更名为广东省防雷减灾管理中心，编制 10 名，履行雷电灾害防御监督管理相关职责，由省气象局负责日常管理。

（3）县级以上人民政府住房和城乡建设、交通运输、水利、农业农村、教育、应急管理、电力、通信等部门负责各自职责范围的雷电灾害防御工作，包括相应领域内建设工程的雷电灾害防御管理，以及对投入使用的雷电防护装置实施安全监管。

农村地广人稀，人员居住相对分散，村镇暂无防雷减灾管理机构，也无专、兼职农村防雷安全员，气象部门作为中央垂直管理事业单位，管理难以充分“落地”或取得稳定的效果，如有效开展防雷减灾科普宣传、检查雷电防护装置情况、及时组织农村居民防雷避险、收集雷电灾害等方面的工作均力有不逮。

（二）农村防雷减灾财政保障力度有待加强

广东农村防雷减灾工作尚未被纳入社会公共安全综合治理体系，农村防雷

减灾公共财政投入不足、保障力度不够。农村基层绝大多数地方未能按《规定》要求，进行雷电灾害普查和雷电灾害风险等级划定。村居和学校、村委会等农村公共场所较难落实防雷工程与新、改、扩建筑物主体工程同时设计、同时施工、同时投入使用（即防雷装置“三同时”）的管理制度。由于经费不足，农村地区也难招聘日常防雷减灾应急管理人员。

（三）农村雷电防护装置建设基础薄弱

广东绝大多数农村集中居住区的民居未能按照国家强制性防雷技术标准进行雷电防护装置的安装使用，也未有效落实雷电防护装置定期检测制度。农村公共场所雷电防护装置安装情况不乐观。根据调查和走访情况，全省农村学校未安装（未完善）雷电防护装置的占总数的 41.7%，村（居）委会办公楼未安装（未完善）雷电防护装置的占总数的 85.2%，种植养殖基地（或工厂）未安装（未完善）雷电防护装置的占总数的 92%，避雨亭（含候车亭）未安装（未完善）雷电防护装置的占总数的 95.8%。此外，农村电力、电信等基础设施私拉乱接线路导致雷电防护措施不合格的情况尤为突出，容易造成因感应雷导致人员伤亡或财产损失。

（四）农村居民防雷避险知识严重不足

广东每年 3—9 月为雷电多发期，又恰逢农忙，农村居民因防雷意识淡薄，雷雨天气往往冒雨劳作或抢收抢种，扛着金属农具在野外行走，或在大树下以及无雷电防护装置的临时建筑内避雨，这些情况都极易出现雷击造成人员伤亡。如 2022 年 9 月 9 日下午，湛江市遂溪县港门镇塘尾村 684 县道坡仔村附近的耕地发生雷击事故，事故原因正是由于当时耕地内的一群农民正在进行番薯插苗作业，下雨后仍不及时撤退，直至雷声巨响后 4 名农民因遭受雷击倒地，经抢救无效死亡。

四、加强广东农村防雷减灾工作的措施建议

（一）完善农村防雷减灾工作体系

切实加强《条例》《规定》的贯彻落实，积极构建政府主导、部门联动、社会参与的农村防雷减灾工作机制。充分发挥防雷部门间联席会议作用。重点针对广东农村雷击事件较为频发现状，进一步建立健全农村防雷减灾工作体系，农村基

层组织要建立防雷减灾专(兼)职信息员、协理员网络,协助开展科普宣传、安全检查和雷灾收集等工作。争取各级政府将农村防雷减灾工作纳入农村社会公益事业建设计划,财政部门将有关经费纳入财政预算并逐步加大投入,农业农村部门和应急管理部门将防雷减灾工作纳入各级安全生产考核和乡村振兴考核,加快形成各司其职、齐抓共管的良好局面。

(二)提高雷电监测预报预警服务水平

各市、县(区)政府应加强闪电定位仪、大气电场仪等雷电监测设施建设,气象部门进一步推动闪电定位校准和三维闪电观测网络建设,提高雷电监测格点密度和精度,提升全省雷电监测和临近预报预警能力。应急管理、气象等部门帮助乡镇政府按照各地区农村地理气候环境实际,建立符合当地场景的雷电风险预警信息接收、应用等雷电灾害风险管理模式,完善进村入户的农村气象灾害预警发布网络,实现预警信息发布直达“最后一公里”。充分发挥村委会网格管理人员作用,保证广大农民群众及时有效获取雷电风险预警信息并落实避险措施。

(三)加强农村房屋等基础建设的防雷减灾管理

依托气象防灾减灾第一道防线先行示范省建设,落实农村地区雷电灾害风险普查和评估分级工作。农业农村、住房和城乡建设、应急管理、气象等相关部门,统筹安排防雷安全自查和隐患排查,及时整改存在问题。严格执行《规定》第十五条“农村地区的学校、候车亭、文化体育场馆等公共场所以及雷电灾害风险等级较高的村民集中居住区和种植养殖区应当按照有关标准安装雷电防护装置。雷电防护装置的安装和维护应当列入农村社会公益事业建设计划”。同时,以推广应用《农村民居雷电防护工程技术规范》为目标,制定切实可行的农村民居、公共场所等防雷装置“三同时”管理制度。气象、住房城乡建设部门积极推广农村住宅建设防雷安全适用技术,将农民自建房通用防雷设计纳入农村住宅建设推广图集,引导农民自建房逐步向符合防雷规范标准的结构转变。此外,依托乡村振兴战略,以农业农村部门的美丽乡村建设或应急管理部门的综合减灾社区建设为抓手,按照“在风险较高地区试点建设‘防雷示范村’、在风险相对较低地区逐渐铺开”的原则,不断加强农村雷电灾害综合防御能力。

(四)广泛开展农村防雷减灾科普宣传

气象部门应进一步加强与农业农村、教育、科协等部门和单位的联动,把农村防雷安全纳入乡村振兴宣传教育培训体系,加大开展农村防雷减灾法律法规和科普知识宣传力度，采取多种形式，如微信、微博、抖音等新媒体形式，利用农村居民聚集的时段、区域，深入田间地头、村镇中小学校，切实宣传防雷减灾避险知识，提高农村居民防雷安全意识和避险自救能力。此外，应重点针对农村地区的雷电灾害防御重点单位进行常态化科普，加强对偏远农村的科普宣传工作，消除部分群众迷信和恐惧心理，不断提高全民防雷减灾与自我防护意识和能力，有效减少雷电灾害的影响和损失。

（五）建立农村雷电灾害一次性补助或保险制度

各级人民政府应拨付专项经费，由民政、财政等部门和保险公司研究设立农村雷电灾害致死致伤人员一次性补助或建立相关保险制度，或是将雷电灾害纳入农业气象保险范畴，发挥民生托底保障作用，避免受灾家庭出现致贫、返贫情况，提高广东省农村家庭抗灾害风险能力，为乡村振兴提供切实的安全保障。

关于青年预报员思想状况专题调研的报告

尤　悦　华　珊　周楚炫

（国家气象中心团委）

党的二十大报告对青年工作作了重要论述，强调“全党要把青年工作作为战略性工作来抓”“用党的科学理论武装青年，用党的初心使命感召青年”。这一重要论述充分体现了党中央和习近平总书记对青年的高度重视、亲切关怀和殷切期望。国家气象中心党委（简称“中心党委”）一直以来高度重视青年工作，始终关心、关怀青年，为青年成长成才创造良好环境。按照落实全面从严治党主体责任有关要求，为做好新时代青年思想政治工作，进一步发挥青年预报员在党建和业务工作的重要作用，中心团委围绕政治思想情况、业务工作和心理状态等3个方面，对中心青年预报员的思想状况进行了一次专题调研，并针对存在的问题，提出对策建议，现将有关情况报告如下。

一、调研方式和基本情况

本次调研通过线上问卷形式开展，问卷调研对象为国家气象中心（简称“中心”）40岁（含）以下青年预报员，共计82名，占中心青年总数的61.2%。共收回有效问卷78份，占总数的95.1%，其中28岁（含）以下、29～35岁和36～40岁青年比例分别为12.8%、52.6%和34.6%，平均年龄为32.4岁，男女比例为1.1∶1；学历方面，以研究生学历为主，硕士占59.0%，博士占34.6%，本科占6.4%；政治面貌方面，中共党员占78.2%，共青团员占5.1%；职称方面，初级职称、中级职称和副高级职称比例分别为7.7%、50.0%和42.3%；工作年限方面，5年（含）以下的占41.0%，6～10年的占25.6%，10年以上的占33.3%。

二、调研了解到的基本情况

（一）政治思想方面

1.政治立场坚定，理论素养较好，但部分青年存在学习时间较少和学习动力不足的情况

中心青年预报员普遍能够积极主动进行政治理论学习，通过学习不断提高政治理论素养。调查显示，超过一半的青年预报员能对党和国家重大会议或活动积极关注，93.59%的青年预报员了解党的性质、宗旨、奋斗目标、基本路线等相关政策与制度，超过80%的青年预报员能不断认真学习领会党的二十大报告和历次全会精神，其中能深入理解并贯彻落实到工作中的占29.5%。中心青年预报员政治立场坚定，在政治立场、政治方向上同以习近平同志为核心的党中央保持高度一致。但调查显示，46.2%的青年预报员表示存在工学矛盾突出、学习时间少的问题，导致理论学习的时间得不到保障，学习碎片化现象突出；24.4%的青年预报员认为理论学习存在在部门、支部、青年理论学习小组多层次重复学的现象；18%的青年预报员认为学习与业务工作联系还不够紧密，存在学归学、用归用的问题；还有11.5%的青年预报员认为“要我学”多、“我要学”少，学习动力不足，对于理论学习的必要性、紧迫性认识不到位，没有结合实际工作主动思考。

2.理论学习成效明显，但存在学用脱节的现象

调查结果显示，近98%的青年预报员对青年理论学习小组开展的学习表示满意或较满意。通过青年理论学习，82.1%的青年预报员更加坚定了马克思主义信仰、共产主义远大理想、中国特色社会主义共同理想，84.6%的青年预报员通过学习能及时了解掌握党中央的决策部署，62.8%的青年预报员认为理论学习提升了学用结合的能力，有利于更好地推动工作开展，青年理论学习取得了明显成效。

但也存在一些青年预报员理论学习思考不够深入、浮于表面，知其然不知其所以然，没有将理论学习与具体实践相结合。调查显示，仅有20.5%的青年预报员能够熟练运用相关理论观点并对实际工作帮助很大，另有59.0%的青年预报员认为在实际工作中理论学习有一定的帮助，还有18.0%的青年预报员没有找准理论与实际的结合点，效果不太明显。这也表明目前相对于新时代青年接受特点和理论学习需要的新变化，青年集体学习方式方法的创新性不足，应不断

丰富创新青年理论学习方式，调查显示41%的青年预报员倾向于以参观红色基地等实践活动的方式开展青年理论学习，30.8%的青年预报员倾向于参加青年理论学习小组集体学习并交流研讨。

（二）业务工作方面

1. 青年对职业满意度较高，但培养青年成长成才的平台还不够完善

调查发现，超过80%的青年预报员对当前的工作是“满意”或“较满意”，对自己未来在专业能力上的成长“充满信心”或“较大信心”，对个人的发展有明确的规划。说明大部分青年预报员是积极向上的，具有较强的事业心，希望在中心气象事业发展中提升自己，同时也希望在工作中得到鼓励和认可，来证明自我价值的实现。

然而通过调查结果发现，实际工作中仍然有一些因素影响了他们工作的积极性。数据显示，有64.1%的青年预报员表明中心有让青年预报员脱颖而出的机制或平台，但平台作用的发挥还不够充分。对于促进青年预报员成长成才方面，83.3%的青年预报员需要业务技能方面的培养，78.2%的青年预报员需要实践锻炼方面的培养，60.3%则倾向于探索钻研能力方面，55.1%认为在思想政治教育方面，53.9%需要沟通协作能力方面的培养。另外，青年预报员也希望中心在业务科研环境和国内外交流学习方面给予更多的支持。

2. 青年预报员对预报业务工作及发展充满信心，但存在专业技能欠缺的情况

调查结果显示，当问及对自己所做的预报有什么程度的把握时，有超过89.7%的青年预报员表示有较大的把握，35.9%的青年预报员认为预报员“一定不会”被客观化技术替代。但也有很多青年提出工作中缺少传帮带，缺乏经验，缺少业务指导。欠缺岗位相关专业技能，尤其是岗位履职技能和相关业务知识是当前制约青年职业发展的主要因素之一。

调查显示，74.4%的青年预报员认为师带徒的方式有利于技术岗位青年较快提升工作能力。同时，超半数人员认为研讨交流学习、内部岗位轮岗、外部单位访问等方式也能有效提升工作能力。青年预报员是一个有着强烈进取心的群体，他们迫切地渴望知识，希望通过交流、培训等业务技能培养及实践锻炼方式不断提升自身能力，实现岗位成长，而当前的岗位培训和业务交流未能满足他们的需求。

3. 青年预报员业务工作较繁重，投入科研及技术研发工作时间严重压缩

调研显示，60.3%的青年预报员每天仅有1～2 h“班下时间”投入科研和技术研发（包括在家），5 h以上的不足8%。同时，部分青年预报员表明工作中杂事较多，时间有限，预报业务自动化程度与越来越多的服务需求之间的矛盾日益突出。目前工作业务中时间和精力不足，青年预报员缺乏更多的自由发展空间。

4. 青年职工有很多期许，目前奖励机制和技术研发平台建设还不够完善

调查数据显示，超半数青年预报员享受过中心在业务绩效奖励、职称工资提升和科研项目奖励等方面与业务技能提升相关的激励制度。但仍有30.8%的青年预报员希望中心在人才成长激励政策方面更加完善，25.6%的青年预报员期待在科研业务经费方面有更大的空间。调研显示，中心青年预报员对技术研发工作十分关注。在问及“如果有机会进行轮岗，您希望去什么岗位”时，53.9%的青年预报员选择了技术研发岗。同时，41.0% 的青年预报员认为在现有预报水平上，细化预报产品、提升技术研发水平能提高预报服务质量。从绝大多数青年的选择来看，他们希望能够提供更多的参与技术研发的机会。但目前大部分青年预报员大多数时间用于预报业务工作，其他工作时间相对压缩，不利于相关业务技术研发工作开展。

（三）心理状态方面

1. 部分青年预报员压力承载较重

部分青年预报员存在压力大的困扰，仅10.3%的青年预报员认为自身工作状态精神饱满，而有19.2%的青年预报员感受到工作累、压力大。压力主要来源排名前三的分别是业务值班任务重、要求高，需要不断学习新知识，家庭负担重。

2. 青年缓解心理压力的有效措施和科学方法掌握不足

应对压力的方式上，青年预报员有意愿选择“户外运动”“看视频、电影、追剧”和“放空休息”等一系列自我应对方式，希望中心开展“户外徒步”“集中观影”“桌游”和“踢毽子、跳大绳等趣味体育活动”等丰富多彩的活动。如何将压力变为动力，提升自我抗压能力的科学方法还不足，对通过更多的途径舒缓压力、

加强心理健康培训教育的诉求强烈。

三、加强青年预报员工作的对策与建议

总体而言，中心青年预报员队伍是一支政治可靠、思想坚定、素质优良、结构合理的队伍，取得了显著的成绩，但仍然存在着一些亟待解决的问题。一是青年理论学习与工作实际有机结合不足；二是青年预报员业务、科研、事务性工作任务难以兼顾，培养机制不够健全，激励机制较为单一、吸引力不强，成长平台和发展环境有待进一步优化；三是青年活动方式较为单一，文化建设创新性不够。综合上述问题，为进一步提升青年预报员政治理论素养和专业本领，在岗位实践锻炼中奋发有为、成长成才，推动气象事业高质量发展，结合贯彻落实《气象高质量发展纲要（2022—2035年）》和《“青春·奋斗”国家气象中心青年干部培养提升工程实施方案》，提出以下对策与建议。

（一）加强组织领导，形成联动合力

中心党委高度重视、统筹谋划青年思想政治工作。党委办公室（人事处）要加强工作督导，密切关注青年思想动态，及时向中心党委汇报。各处室要强化责任落实，聚焦青年思想政治工作中存在的问题，抓重点强举措。中心工会、团委要根据广大职工和青年团员实际需要，切实加大对文化活动、人文关怀等方面的支持保障力度。

（二）强化思想政治引领，做到学用结合

一是提升青年理论学习的有效参与度。注重激发青年学思用、知信行的内生动力，通过多种形式开展思政教育活动，增加动脑、动口的学习体验机会，提高思想认识，实现带着问题学、带着兴趣学，引导青年从“要我学”的被动学习状态转向“我要学”的主动学习状态。二是提升青年理论学习特色。要适应青年理论接受特点组织学习活动，加大研讨式、案例式、互动式、体验式学习方式，持续开展“理论青年”“读书青年”品牌活动，让青年理论学习活起来，做到走深、走实、走心。充分发挥互联网平台作用，发挥中心团委公众号的作用，增强青年理论学习的针对性、便捷性。三是建立联动学习机制。统筹兼顾“中心、党支部、理论学习小组”三级联学机制，做到各有特色、各有侧重，制订学习计划、明确学习主题，单位整体发挥示范引领作用，支部发挥学习引领和带动作用，指导青年理论学习小组开展学习。确保学习活动有序开展、取得实效。四是知行合一、学用结合。

持续开展"笔谈千字文"品牌活动，强化对理论学习必要性和紧迫性的认识，将理论学习与工作实际有机结合，确保理论学习出成果、见实效，有效利用学习成果指导实践、推动工作。

（三）完善机制体制，进一步优化人才发展环境

一是持续推进以智能网格业务为基础的研究型业务建设。集约岗位设置，完善预报员班下科研机制，引导预报员发展从值班型到研发型转变，强化预报业务平台研发。二是进一步优化青年预报员培养机制。充分发挥首席、专家和业务骨干的"传帮带"作用，创新开展"首席带教制"，发挥首席的预报技能和经验优势，提升青年预报员的预报业务水平。中心创新团队、重大业务工程骨干成员中青年人才占比不少于三分之一，促进青年预报员快速成长。三是注重激发青年预报员活力。进一步完善工作激励机制，从岗位交流、项目扶持、绩效奖励、教育培训等方面统筹规划，敢于挖掘他们的潜力，明确人才成长方向，引导青年预报员积极作为，为他们创造良好的发展机会。四是进一步完善评优推优的人才激励机制，通过评选"中央气象台青年之星""青年学习标兵"，选派优秀青年专家赴省级及以下气象部门开展基层服务锻炼，鼓励和支持省级及以下气象部门选派青年人才到国家级业务单位交流锻炼；选送国内外访问交流、与国内高校和科研机构联合培养、承担重大项目压担子等途径，不断打造一支结构合理素质优良的青年预报员人才队伍。五是增加培训和交流。组织开展更多有针对性的培训，有利于青年预报员增强岗位履职技能和相关业务知识的学习，开阔眼界、启发思路，不断提升自身能力；组织开展气象预报论坛品牌活动，增强青年交流力度，促进青年学习成长；拓宽交流渠道，加强不同岗位的沟通交流，学习国内外先进技术、科研成果和工作经验，实现岗位成长。

（四）加强沟通交流，提升培养实效

以党支部、团支部和青年理论学习小组为纽带，通过开展联学联建、微课堂等党团活动以及谈心谈话等形式，密切关注青年职工的思想状况，加强青年思想动态的把握和研判，积极回应青年发展中的困惑和需求，对青年的思想状况、职业规划等进行正面积极的教育引导。营造学习先进、见贤思齐的良好氛围，持续激发青年的奋斗精神和创造活力。

（五）创新文化生活，营造积极向上的氛围

积极营造健康向上、奋发有为的发展环境。组织开展“筑梦新气象”青年调研实践活动，积极开展团拜会、新职工联欢会、春秋游、运动会、球类比赛等各类文体活动，创新开展青年喜闻乐见的活动，大力传承和不断丰富中央气象台的优秀文化，营造团结协作、积极向上的和谐工作环境，让青年在推进气象事业高质量发展的生动实践中尽情绽放青春风采。

短期气候预测业务发展调研报告

郑志海　巢清尘　袁　媛　吴　捷　丁　婷　刘　颖　孔莉莎

（国家气候中心）

为全面贯彻落实《气象高质量发展纲要（2022—2035年）》《全国气象发展"十四五"规划》，加快推进短期气候预测业务能力发展，围绕短期气候预测业务发展的关键问题，通过调研国际业务中心和国内相关业务及科研单位的短期气候预测开展情况，充分检视短期气候预测业务的不足和问题，提出推进短期气候预测业务发展的建议。通过查阅文献资料、网络调研、内部征求意见等，形成了调研报告。

一、短期气候预测业务开展现状和趋势

（一）国际业务中心短期气候预测情况

目前，全球共有13个气候业务机构被世界气象组织认定为全球长期预报产品的制作中心，使用各自的全球气候模式，开展全球范围以月到季节时间尺度为主的短期气候预测。国际全球气候预测业务模式可以分为3个梯队，第一梯队以ECMWF、英国、法国为代表，以高分辨率（水平50～80 km，垂直85～91层）、带同化的海-陆-气-冰全耦合系统、大集合样本（40～51个集合成员）为特点；第二梯队是以美国、日本、德国、加拿大为代表，以中等分辨率（水平百千米左右，垂直26～60层）、不完全同化的海-陆-气-冰全耦合系统、多集合样本（20～51个集合成员）为特点；其他为第三梯队，以中等分辨率的两步法耦合系统开展多集合样本的业务预测。其中，澳大利亚和韩国为完全引进英国的气候模式开展业务预测。预报时效上，各业务中心均提供延伸期预测和月-季节预测产品，其中ECMWF、英国提供未来3～4周的延伸期预测和未来6个月的气候趋势预测，美国提供未来3～4周的延伸期预测和未来9个月的气候趋势预测，韩国提供未来6个月的气候趋势预测。

(二)中国气象局业务现状

建立了次季节-季节-年际尺度一体化气候预测模式系统(BCC-CPSv3)。CMA-CPSv3包含3个子系统,分别是BCC-CSM2-HR气候模式子系统、多圈层耦合同化子系统、集合预测子系统。大气水平分辨率T266(全球近45 km),垂直56层(模式顶0.1 hPa),海洋水平分辨率全球范围0.25°×0.25°,垂直50层。CMA-CPSv3定时开展未来1～60 d的次季节尺度气候预测和1～7个月的季节-年际尺度气候预测。

发展了气候事件次季节-季节预测业务。针对东亚夏季风进程中的重要气候事件——华南前汛期、梅雨、华北雨季、华西秋雨,建立雨季进程监测、诊断与预测一体化的业务;研发了影响各类雨季开始早晚的关键大气环流系统的延伸期尺度预测产品,建立了气候事件延伸期客观化预测业务。

建立了气候现象预测系统和全球预测业务。针对影响东亚气候的重要全球气候现象,建立了次季节-季节的监测分析预测一体化业务产品,形成了ENSO监测分析和预测业务系统、ISV/MJO监测预测系统、东亚重要环流型预测系统和中高纬-极地大气遥相关、海冰-积雪监测预测等多个业务系统。建立了全球基本气象要素的格点化延伸期-月-季节确定性和概率预测。建成了中国多模式集合预测系统(CMME)1.0版本;发展了"动力统计相结合的季节气候客观预测系统(FODAS)"2.0版本。

开展了面向灾害的气候预测业务。针对高温、强降水、低温、台风等高影响气候灾害,研发了多样化的诊断分析产品,基于动力气候模式发展了次季节时间尺度确定性和概率性客观预测产品,建立了台风动力预测业务。发展了影响大气污染扩散气象条件的实时监测和交互诊断分析业务。

(三)国内其他单位的现状

短期气候预测是一个世界性的难题,国内有很多科研单位开展短期气候预测研究,如中国气象科学研究院、中国科学院大气物理研究所、中国科学院西北生态环境资源研究院、南京大学、南京信息工程大学、清华大学、兰州大学、北京师范大学等单位在动力模式预测、动力-统计集合预测、基于机器学习的气候预测等方面开展了相关研究。中国科学院大气物理研究所、中国气象科学研究院和南京信息工程大学等单位利用相关的动力模式开展季节预测,南京大学、兰州大学、南京信息工程大学、北京师范大学等单位主要利用动力-统计集合预测方法进行季节预测。中国科学院西北生态环境资源研究院、清华大学等单位则主要通过统计方法和机器学习方法开展季节预测。国内科研单位在短期气候预测方面以研究为主，通常在3月份利用动力模式或单一方法结果参加汛期全国气候趋势预测会商，但对其他季节和其他时间尺度尚无固定的预测产品提供，并未形成业务。

（四）国际先进业务中心的发展趋势

针对未来的发展，国际上主要的业务中心均制订了未来的战略计划，比如世界气象组织（WMO）2019年制订了《战略计划：2020—2023》、世界气候研究计划（WCRP）2019年制订了《战略计划：2019—2028》、欧洲中期天气预报中心（ECMWF）2021年制订了《2020—2030战略规划》、美国国家海洋和大气管理局（NOAA）2021年发布了《未来十年气象研究优先事项》等，这些战略计划中均将短期气候预测未来的发展放到了重要的位置，主要包括3个方面。

1．提供无缝隙预测产品

ECMWF和NOAA均将发展全球领先的无缝隙地球系统模式放在核心位置，ECMWF拟通过发展对流允许尺度的业务集合预报、无缝隙耦合资料同化，以及使用新的观测数据等提升预报水平，NOAA则计划将目前的GFS和计划的S2S提前升级为完全的地球系统模式。WMO的战略计划中重点提到提高对高影响天气预报、次季节到季节到年代的预测能力，特别是提高S2S尺度的预测能力等。WCRP和英国气象局将大力推动Near-term尺度（1～5年）的气候预测从预报试验转为实际业务，拓展预测的时间尺度。

2．提供基于影响的预测产品

为更好地服务于社会需求，WMO拟围绕提供权威的、易理解的、面向用户和适合目的的信息和服务，改进包括关键气候指标、季节性展望以及对极端事件和相关影响信息的描述等。WCRP提出定量研究气候系统变化的长期响应和连接气候科学与社会，以更好地应对气候变化和满足社会需求。ECMWF拟进一步满足用户对预测产品的需求，涵盖空气质量、洪涝、山火、干旱和全球气候监测等，并实现提前2周预报高影响天气、提前3周预报极端气温和水文事件、提供有技巧的S2S预测展望等。NOAA建议推进关键预报应用，包括加强对地球水循环极端情况的预测、努力提高火灾天气和空气质量预测能力、改进高影响天气预报，以及推进地球系统模式中海岸过程的研究，以实现全面的海岸模拟等。

3．发展气候预测的新技术

WCRP提出提升预测能力需要一系列新技术的研发，包括定量统计和机器学习方法、发展数据融合包括资料同化方法、复杂网络以及集合生成技术等。ECMWF强调先进的高性能计算、大数据和人工智能方法在气候预测领域的应用，最终打造一个数字“孪生地球”。NOAA则提出了“人工智能”战略，明确了人工智能技术在提升计算效率、自动检测分类、数据同化、多模式集合方法、预测模型改进等方面的发展方向。

二、问题和不足

（一）资料问题

全球台站观测资料少、质量差。通过GTS交换获取的全球台站观测资料严重缺测，尤其是全球台站逐日观测资料，一方面导致很多地区无有效监测信息可用，或资料更新不及时；另一方面，很多站的基本气象要素无长时间气候场资料，导致无法开展各类气象要素的异常特征监测。中国大气再分析数据CRA40的要素资料实时性跟不上服务需求，气温和降水均有滞后。积雪和海冰资料等主要来源于美国罗格斯大学全球积雪实验室和美国冰雪数据中心，自主化程度低。

卫星遥感应用能力较低。气候业务需要能够实时更新的长时间序列的卫星遥感资料，目前我国的卫星遥感资料时间序列都较短，部分序列资料没有历史实时一体化，气候业务应用较为困难。同时，在卫星资料的气候应用方面经验不足，产品有限。

（二）可预报性和预测能力

地球系统多尺度多圈层相互作用及气候变暖背景下气候变异规律和机理认识不足。在气候变暖背景下，高温热浪、暴雨洪涝等极端天气气候事件广发、频发、强发、并发，一些传统的统计规律和认知不再适用。目前的分析和复盘工作多从大气环流的直接作用角度展开，而从地球系统多尺度多圈层相互作用方面诊断归因气候变异规律、机理和可预报性的能力存在不足，针对汤加火山爆发等外强迫因子剧烈变化导致的气候响应数值模拟能力存在欠缺。

气候预测精准程度和客观化、智能化水平有待提升。一方面，次季节-季节尺度预测能力存在较大不足，年代际预测尚未开展；另一方面，气候预测产品的精细化程度不高，对东北、西南等地形复杂的特定地区以及“川藏铁路”等重大工程定制化、精细化支撑服务能力有限；再则，动力统计结合的预测技术有待创新，人工智能（机器学习）技术应用不多，客观化、智能化的多尺度预测产品体系还有待进一步丰富，全流程气候预测检验与诊断体系尚未完全建立。

（三）面向行业和全球的服务能力

面向全球的气候监测预测技术和业务产品研发能力不足。季风系统监测预测需向全球季风系统拓展；对近海风、温、浪、雾、冰的监测预测还是空白，极区海冰预测能力弱；热带气旋只开展南海—西太平洋地区监测预测，没有涵盖全球范围；在全球重大气候灾害预测方面仍缺乏专业化业务产品，针对性不强，全球重大气候事件机理分析能力有限。

面向灾害和行业的气候预测能力不足。短期气候预测业务主要针对气象要素，缺乏基于气象灾害影响的预报和基于风险评估的预警，无法满足气象服务与其他行业服务深度融合的需求。以用户影响为基础的气候预测和行业服务产品非常匮乏，客观化和智能化不足，主要依靠预报员经验，提供更加精细化按需预测服务能力仍有待提升。

三、加强短期气候预测业务的建议

（一）提升全球监测与诊断能力

强化自主资料在气候监测业务中的应用。加强国内CRA-40等自主资料的获取和开发应用能力，完善自主可控和多源数据融合的全球大气环流和重要气候现象监测业务，着力提升自主监测能力。加强卫星资料应用，增强我国FY长序列卫星数据产品对气候业务的有效支撑。

完善全球气候监测业务。推动基于新资料的全球气候系统监测能力提升，加强卫星产品气候监测业务建设，提升多源全球基本要素、大气环流、海洋等监测资料在业务中的应用能力。发展灾害性极端气候事件监测业务，丰富面向全球的监测产品，发布异常气候事件监测、诊断和预测一体化服务信息。完善对主要大气环流、全球季风及主要气候现象等的监测，拓展影响全球气候关键海区监测业务，发布全球大气、海洋、陆地和冰冻圈主要气候监测产品。

提升全球气候事件诊断能力。加强全球气候规律研究，深化对灾害性极端气候事件的科学认识，全面提升全球重大气候事件机理分析能力。针对持续强降水、极端高温低温、持续性干旱等灾害性极端气候事件，探索其发生机理，研发全球气候业务诊断分析工具，提升对全球和重点区域异常气候事件的复盘总结能力，为全球气候异常预测提供有力支撑。

（二）发展客观化精准化气候预测技术体系

加强地球系统多圈层相互作用和极端事件解释归因的研究工作。增进对地球系统的科学认识，加强对全球变暖、区域人类活动强迫对气候背景和气候变异规律改变的研究。加强中高纬度、平流层大气动力学研究，针对持续强降水、极端高温、持续性干旱等极端气候事件，基于全耦合地球系统模式，开展模拟诊断和解释归因工作，定量识别和分离人类活动、自然强迫、年际变率和次季节诊断的影响，分析潜在可预报性及其来源。

发展客观化、智能化多尺度气候预测和检验业务技术体系。基于地球系统模式开展次季节至年代际无缝隙精准化预报业务，形成完备的客观预测产品体系，重点提升次季节至季节和年际至年代际气候预测能力；加强基于物理机制、人工智能和机器学习的预测方法研发，发展非线性因果信息挖掘、模式误差订正、多模式集合和精细化网格预测等客观化、智能化气候预测技术；建立全流程多尺度预测检验评估—诊断分析—方法改进技术体系，研发气候模式对次季节、季节预报信号捕捉能力的检验评估技术。

（三）提升面向行业和全球的服务能力

提升全球监测预测和全球服务的业务能力。推进全球多元数据特别是具有完全自主产权的中国再分析数据、风云卫星等数据在气候业务产品中的应用，完善对全球极端气候事件、全球大气环流、全球季风和重要气候现象监测预测，发布全球大气、海洋、陆地和冰冻圈主要气候特征监测预测产品。基于多模式集合研发智能网格降尺度技术，建立次季节-季节-年际气候一体化全球预测业务系统。提升应对突发事件提供气候服务的业务能力，实现提前1年预测全球气候异常，发布业务产品。

拓展基于影响的气候预测业务。推动趋势预测向灾害过程预测、要素预测向行业综合预测转变。提升次季节台风、强降水、高温、寒潮等灾害性天气过程的发生频率和转折期预测能力，提高极端天气气候事件、海洋灾害、流域区域洪涝、森林草原火灾等气象风险预报预警能力。发展延伸期和月季尺度风能、太阳能预测业务和生态预测业务，提升大气自净能力预报预测能力。结合行业需求，开展与其他行业深度融合的气候预测能力建设，强化基于影响的预报和基于风险的预警，拓展更加精细化的按需预测服务能力。

深化创新思路　助力水文气象发展
——关于太湖流域气象高质量发展的调研报告

邹兰军　辅天华　徐　康　吴君婧　朱嘉皕　金　妍

（上海中心气象台（太湖流域气象中心））

一、导言

（一）调查目的

为进一步落实中国气象局《太湖流域气象保障能力提升工作方案（2021—2023年）》，太湖流域气象中心组织开展流域高质量发展调研，梳理预报服务需求，分析差距和薄弱环节，提供建议对策与思路，促进流域气象预报服务业务高质量发展。

（二）调研对象与内容

本调研针对流域气象服务需求、业务现状、存在问题、合作交流和工作机制等方面，在环太湖气象部门、流域水利水文部门、防汛部门和相关高校等之间开展。

（1）太湖流域管理局是水利部在太湖流域、钱塘江流域和浙江省、福建省（韩江流域除外）范围内的派出机构，代表水利部行使所在流域内的水行政主要职责。太湖流域管理局水文局（信息中心）为太湖流域管理局直属事业单位，负责和指导流域水文水资源情报预报、资料整汇编、刊印、审批等管理工作。太湖流域水文水资源监测中心（太湖流域水环境监测中心）主要从事太湖流域水文、水环境监测、水资源研究等职能工作。

（2）上海市水旱灾害防御技术中心前身为上海市防汛信息中心。2021年11

月更名为上海市水旱灾害防御技术中心，是上海市水务局所属的公益一类事业单位，承担全市水旱灾害防御相关技术支撑工作；承担全市洪水风险分析、评估、对策研究；负责开展水旱灾害防御技术研究等。

(3)江苏省水文水资源勘测局（江苏省水利网络数据中心）是江苏省水利厅承担行政管理职能的处级事业单位，其前身为江苏省水文总站，1996 年更名为江苏省水文水资源勘测局，负责全省水文站网规划与建设，承担全省水文信息收集、处理、监视以及水雨情分析和水文预报，全省主要江河湖库及地下水水量与水质的监测、分析和评价，以及全省水文监测资料汇交、保管与使用等任务。

(4)河海大学水文水资源学院前身为 1952 年建立的华东水利学院水文系，2007 年更名为水文水资源学院，设有水文与水资源工程系、水务工程系、城市资源环境系和地理信息科学系；水文预报研究所、工程水文及水文气象研究所、水资源研究所、水文水利自动化研究所、城市水务工程研究所、水生态环境研究所、干旱研究所、地理信息科学与工程研究所、中德水资源研究所等。

（三）调查方法

2020—2022 年，太湖流域气象中心通过走访调查、实地查看、征询交流会等方式进行了充分调研，调研的对象超过 300 人次。经过收集各方意见，太湖流域气象中心整理了相关业务和产品需求、合作机制和内容、存在问题等，并咨询了相关发展建议等，形成汇总稿。

二、调研分析

（一）太湖流域概况

太湖流域位于长江三角洲核心区域，流域河流水系纵横交错，湖泊星罗棋布，是全国河道密度最大的地区，属于亚热带季风气候区，雨量充沛、洪涝频繁。太湖流域是全国城镇化率最高的地区，具有典型的城市群特征，经济发达，是我国防洪防汛工作的重点区域。长三角一体化发展国家战略的实施对流域气象保障服务提出了更高要求。多年来，太湖流域气象中心在中国气象局的领导下，与流域内相关省市气象部门密切配合，积极支持流域水文和防汛部门开展太湖流域防汛抗旱和水资源调度工作，共保太湖安澜。

（二）太湖流域气象业务现状

2006 年 8 月，上海市气象局依托上海中心气象台、上海台风研究所、上海市气候中心和上海市卫星遥感与测量应用中心等单位，成立太湖流域气象中心，并成立苏州分中心和湖州分中心。

太湖流域水文气象合作历程历久弥新。2009年太湖流域防汛抗旱总指挥部成立，此后，华东区域气象中心每年出席太湖防总指挥长会议，提供汛期天气预测和建议。

不同历史阶段太湖流域气象服务需求不断变化，太湖流域气象中心提供的主要产品和支撑技术也不断更新迭代，初步建立了太湖流域气象水文监测预报服务业务体系。深化部门合作和联动机制，积极推进气象和水文信息共享。联合太湖流域管理局和流域各省市气象部门，共建联动机制，推动部门联动和领导互访，在战略合作协议框架下，实现了流域气象水文数据共享。发展了太湖流域气象水文关键技术和产品。研发了基于机器学习的雷达外推技术和基于深度序回归模型的定量降水订正等技术，发展了流域网格化定量降水估计和预报技术，开发了太湖流域分区面雨量预报产品。提升了流域防汛抗旱气象服务和气候预测评估能力。提出了太湖流域入出梅指标标准，开展支持太湖流域防汛抗旱的面雨量预测服务，开展流域极端降水气候事件成因诊断分析、低频强降水事件延伸期预报研究，开展流域次季节和月、季极端降水预测。初步搭建了流域气象预报服务业务平台。实现了气象水文信息综合分析、预报制作发布、检验评估等功能，特别是在2016年和2020年太湖流域大洪水保障中发挥了重要作用。生态气象服务助力长三角地区绿色发展。开展了太湖蓝藻水华遥感监测、淀山湖蓝藻发生气象条件预报等工作，加强防范太湖蓝藻事件，开展了面向长三角核心示范区的水环境监测预报服务。

（三）太湖流域气象需求

1. 流域气象业务需求

太湖流域气象服务的对象包括流域水利水文部门、防汛部门、生态环境、交通运输以及各级政府。一是预报需求向时空分辨率高、预报时效长的要求转变。防汛调度中，越来越关注精细化预报和流域中长期气候趋势预测意见，需要在更精细流域分区和更长时间尺度上研判防汛形势。二是预报服务需求多重点，更关心流域上下游影响问题。流域服务不仅涉及上游来水，也包括下游排水等问题，需要综合考虑降雨对太浦闸下游淀山湖及黄浦江的水位影响，还需要关注海上台风和风暴潮对排水及水源地等影响。三是合作机制需求由信息共享向“数据＋算法”共享转变。流域对共享信息应用需求日益增多，对流域气象水文洪涝灾害风险模型及算法的共享应用提出了更高要求。四是服务内容需求由重点领域向多领域转变。流域气象服务需求已拓展为防汛抗旱、水资源调度、城市内涝、航运安全保障、生态环境保护等多个领域，亟待发展综合保障服务。五是业务支撑平台需由分散布局向“云＋端”模式转变。各业务系统较为分散，功能单一，交互性不足，不能满足移动应用场景需求，需创建“云＋端”服务支持模式。

2. 流域气象服务产品需求

流域气象服务产品需求包括三大类：监测信息类、预报预警类和专业预报类。

（1）监测信息类需求拓展了监测的要素和内容，业务支撑为信息汇集监测手段与方法，内容有：站点气象要素、雨情、水体遥感和水环境遥感监测等。

（2）预报预警类需求延展了预报时效、时空精细度，业务支撑为气象预报预测方法及其释用，内容有：中短期精细化降水预报、短期气候预测、重要天气气候事件影响评估等。

（3）专业预报类需求拓展了服务的内涵，业务支撑为水文气象专业模型与技术，内容有：城市积涝监测预报、洪水概率预报/洪涝风险、太湖（淀山湖）水环境气象条件预报等。

3. 流域气象机制体制需求

单一依靠某一单位或者部门已经不能完全支撑流域防汛抗旱、水资源调度、航运安全、生态环境等预报服务需求，需要强化与国家级科研院所、高校及企事业单位等合作，提升科技创新平台支撑作用，联合集中攻关关键核心科技问题，建立科技创新平台或联合研发中心等，以服务长三角战略为方向，以建立完善的流域气象服务体系为总体目标，推动气象、水文大数据的融合应用，聚焦“预测＋适应”相结合的气象灾害评估技术和城市运行决策管理技术，为环太湖城市气象水文服务应对提供支持。

（四）存在的主要问题

太湖流域预报服务工作取得了长足进步，但与服务需求还有一定差距。

1. 流域跨区域协调和多部门联合团队建设薄弱

跨区域协调在机制和协同效率发挥上还有不足，未制定统一标准框架，影响了预警联动效率的发挥，联合会商和信息共享的跨区域协调机制较为单一，应急响应合作机制还需要完善。

多部门联合团队建设薄弱，缺乏明确的团队发展目标；省级部门水文气象队伍相对薄弱，核心技术研发储备还不够。

2. 流域气象水文资料的共享应用能力不足

流域气象水文资料内容不够丰富。观测站网布局针对性不够，观测要素不够丰富，各类异构观测数据的质控及共享还不充分。缺乏相关河网闸口的流量数据及蒸发蒸散数据，缺乏生态发展保障相关支撑数据和支撑航运发展的专业类观测数据。

资料共享应用能力尚不够，资料的可用性还不能完全满足实际业务需要。流域洪涝风险服务数据应用支撑不足。

3. 流域核心预报和服务能力水平不高

流域气象水文关键核心技术研发水平还有待提高。适用不同需求的面雨量预报模型研发还有不足，预报精度还不能完全满足流域新发展需要。短时强降水的预报技术还不能完全满足需求，台风等重要过程面雨量预报水平还有待提高。

气象水文的相互作用研究及耦合预报技术研发不足，支撑流域气象风险保障的核心技术研发不够。流域内重大气象水文灾害的评估模型、洪涝灾害和航运气象影响模型缺乏。

4. 流域风险评估和生态环境服务气象支撑不够

流域重大气象水文灾害的综合风险普查和评估工作尚待开展。环太湖都市圈灾后评估调研工作不足。生态与环境服务气象支撑作用不够。流域大气环境、水环境的气象支撑作用还没有充分发挥，生态发展与环境友好的气象支持能力还亟须提升。

（五）建议对策与思路

1. 业务发展建议

坚持以研究性业务为支撑，开展多部门多专业领域的服务业务联动。

一是完善太湖流域气象业务流程，规范产品制作与发布流程，完善区域联防、部门联动机制，建立部门间高效统一的应急联动体系。

二是坚持以问题为目标，以需求为牵引的服务导向，以部门联动机制为纽带，加强“上下游联动、环太湖互动”“部门合作、国省协同”，促进气象水文融合发展。

三是建立人才教育和科研合作体系，坚持以研究型业务为基础建立服务业务联动技术支撑体系，突出智能网格技术和产品应用。强化协同创新，凝练重点科技问题联合攻关以及组建多部门联合团队。

2. 技术研发建议

一是提高流域精密监测能力，包括完善气象观测站网布局、提升气象观测装备保障能力以及完善气象观测数据应用业务。

二是提升流域精准预报能力，包括完善精细化气象要素网格预报业务、发展中小河流面雨量预报业务、精细化气象水文预报模型、气候预测和气候影响评估业务以及强化气象与水文、水上交通交叉融合，发展气象核心预报技术，提高预报准确率和预测时效。

三是提高流域精细服务能力，包括开展流域特色气象灾害风险普查、研发风险预警和影响预报产品以及提高卫星遥感水环境和生态监测评估应用能力。研发洪水风险预警产品和流域内中小河流洪水气象风险预警产品。研发海上台风和风暴潮对排水与水质影响相关技术。研发水上航运安全影响定量模型等。

四是构建集约高效的综合业务平台，优化气象预报服务业务平台，集成流域优势产品，开发统一架构的、高效集约的共享应用业务平台。针对防汛抗旱、水资源调度、航运安全、生态环境等需求建设相应气象插件，提高流域综合防灾减灾水平。

3. 机制保障建议

一是加强组织领导。国家级业务单位和太湖流域各省（市）气象局要全面掌握和深刻理解流域发展目标和任务，细化各项具体任务，明确职责分工和进度安排。加强总结和指导，确保各项任务有序、有效推进。

二是加强统筹推进。太湖流域气象中心要加强流域气象预报服务联动联防和组织协调，流域各省（市）气象部门要分段负责，加强团队协作，放大集群效应，同时要强化流域意识，共同把流域水文气象做大做强。

三是深化合作联动。加强与太湖流域管理局、水务局、海事局等部门和企事业单位的合作，形成共建共享共赢合作新局面。完善太湖流域气象服务联盟运行机制，建立重大气象水文技术发展专家咨询制度。

四是加强队伍建设。加强流域专业人才队伍建设，组建多部门参与的流域气象预报服务创新团队，围绕重大研究方向和重点任务开展联合攻关，推进研究成果向业务和服务转化，提高流域气象预报服务广度与深度。

五是加强项目支撑。联合水利、航务、海事等部门推动太湖流域气象预报服务财政保障，积极争取相关科技计划、基金和专项投入，鼓励各类社会力量共同参与流域气象服务基础设施建设运营。优化气象水文科研成果转化机制，加强成果转化应用。

三、结论

太湖流域气象中心始终坚持以服务需求为引领，大力推进流域气象水文能力建设，通过在流域气象、水文等部门充分调研，收集了最新业务、技术、产品和机制体制等需求，梳理了区域协调和团队建设、资料共享应用、预报服务能力、风险评估和生态环境等方面存在的问题，提出了建议对策与思路，力求提升预报服务能力，进一步发挥流域气象保障服务和长三角一体化发展相互促进作用，持续推进流域气象工作高质量发展。

从服务灾后救援向服务灾前预防的转变

——云南"1262"精细化预报气象服务调研

胡劲松　陈兆武　张以刚

（云南省气象局）

为进一步强化气象预警和应急响应联动，切实提升暴雨、强对流天气等气象灾害防范应对能力，确保关键时刻采取有效防范应对措施，及时转移危险区域人员，最大限度保障人民群众生命安全，2022 年，云南省气象部门与应急防汛部门联合建立"1262"精细化预报与响应联动机制（简称"1262"机制）。各级气象部门按照《强降水递进式预报预警服务业务规定》开展强降水"1262"精细化预报气象服务工作（简称"1262"气象服务），并向防办等部门及时推送精细化预报产品。各级政府接到气象部门强降水预报预警后及时指挥调度，采取处置措施，开展防范应对工作。在"1262"机制下，气象工作全面融入防汛应急体系，气象监测预报预警服务实现了从服务灾后救援向服务灾前预防的转变。

一、"1262"气象服务工作的主要做法

"1262"气象服务突出强降水落区及时间点预报预警，以利于集中力量提前部署工作、转移群众、开展防灾减灾救灾，减少因强降水及其次生衍生灾害造成的人员伤亡和财产损失。2022 年云南省气象台制作发布"1262"防汛联防专题 513 期，省防办根据气象信息组织防汛调度 117 次，其中视频调度 82 次，下沉干部 18.49 万人次，防汛调度紧急避险转移 1.94 万人。与水利厅、自然资源厅联合发布山洪、地质灾害气象风险预警 414 期，成功避让地质灾害 10 起，紧急转移安置群众 483 人，避免人员伤亡 746 人。

（一）气象监测预报预警服务机制实现"三个转变"

依托新一代智能网格天气预报系统，实现"提前 12 h 预报强降水（大于 50 mm）落区精细到县，分别提前 6 h 和 2 h 预报强降水（大于 50 mm）落区精细到

乡镇”的递进式滚动监测预报预警服务，为应急防汛部门“提前12 h划定防范重点区，提前6 h预置救援力量并组织特殊人群转移、提前2 h组织受威胁人员转移”的防汛调度提供决策支撑。气象服务实现3个转变：一是服务观念从“常规天气预报预警服务”转变为“提高准确率和提前量，发挥气象监测预报预警在天气灾害防御中的先导性作用”；二是工作方式从“日常定时要素预报”转变为“省州（市）县三级联动，递进式精细到县、乡的强降水落区预报”；三是联动机制从“气象服务于应急救灾决策”转变为“全面融入防汛应急指挥调度体系”。全省各级气象部门从“服务灾后救援”全面转向为“服务灾前预防”，充分体现了先导性作用，真正发挥了气象预报预警信息“发令枪”功能。

（二）完善以气象监测预报预警为先导的应急响应联动机制

全省气象部门进一步完善了以气象监测预报预警为先导的应急响应联动机制，强化直达基层责任人的气象红色预警“叫应”机制；建立重大气象灾害直报机制和灾害性天气高级别预警直报地方主要领导与防办主要领导工作机制；与防汛部门建立暴雨高级别预警信息点对点发布机制和联动响应机制，防汛部门根据气象灾害暴雨预报预警启动防汛应急响应；与通信管理部门建立重大气象灾害预警手机短信发布“绿色通道”和全网发布机制；与广电部门建立气象灾害预警信息农村应急广播发布机制。

（三）围绕“1262”气象服务提升监测预报预警业务能力

全省气象部门统一部署应用新一代智能网格天气预报系统，实现省州（市）县三级监测、预报、服务业务平台一体化，为全省开展0～30 d无缝隙智能网格天气预报提供了强有力的支撑。通过不断改进完善，系统已做到24 h精准预报逐小时更新，2 h预报逐10 min更新，“1262”气象服务的监测、预报和预警基本实现自动化。气象监测预报预警服务能力大幅增强。云南省局组织实施“云南强降水监测预报预警应急防汛调度能力专项”，开发新版“云南气象”APP，实现强降水雷达监测、精准实况、精细预报“3张图”实时动态手机显示，极大地提高了服务“1262”机制的能力。

二、“1262”气象服务工作的典型案例

案例一　“1262”响应联动——红河州河口县“6·14”特大暴雨天气过程服务

2022年6月14日，红河州河口县城区降特大暴雨，城区24 h降雨量

279.2 mm,突破了云南省国家级气象观测站1953年有气象记录以来日降雨量最大纪录。省州县气象台紧密跟踪会商研判,提前2 d发布《重要气象信息专报》。13日18时云南省气象台、红河州气象台同时发布"1262"气象服务专题报告,14日02时河口县气象台发布"1262"气象服务专题报告。过程期间,省州县三级气象台站共发布"1262"气象服务专题报告6期,河口县气象台发布暴雨红色预警信号2次、黄色预警信号1次,地质灾害气象风险预警3次,山洪灾害气象风险预警2次,暴雨红色预警信号提前量达115 min。6月13日河口县自然灾害应急管理委员会根据气象监测预报预警信息召开联合会商会,县防汛办启动防汛Ⅳ级应急响应命令,14日02时30分紧急提升至防汛Ⅲ级应急响应,相关部门提前采取防范措施,共出动救援人员146人,紧急避险转移群众170人,无人员伤亡。

案例二　快速预警联动——德宏州陇川县"6·16"暴雨天气过程服务

2022年6月14—17日,德宏州陇川县出现持续降雨天气,特别是6月16—17日全县普降暴雨,其中大暴雨5站、暴雨3站、大雨8站,导致陇川县清平乡、景罕镇、陇把镇、王子树乡、户撒乡、农场管委会发生洪涝灾害。州县气象台提前发布《重要天气预报》等决策服务材料,启动重大气象灾害(暴雨)Ⅳ级应急响应命令,6月16日08时,省州县三级气象部门同时发布"1262"气象服务专题报告。过程期间,制作防汛联防专题服务材料2期,发布预警36次,其中陇川县气象台两次高级别预警提前量共为270 min,电话叫应政府办、地质办、防洪办、应急管理局、各乡镇及村干部50余人次。各部门依据调度果断处置,王子树乡人民政府及时转移38户165人到安全区域临时避险,避免了人员伤亡。

案例三　精准靶向叫应——保山市隆阳区"8·01"短时强降雨天气过程服务

2022年8月1日,隆阳区瓦马乡上拉堡—安邦—瓦房一线出现了区域性暴雨天气,隆阳区气象台于7月29日提前2 d发布重要天气消息,省市区三级气象台发布"1262"气象服务专题报告5期,发布暴雨预警2期,8月1日00时15分、00时45分、16时26分、18时22分4次电话叫应瓦马乡政府,提醒关注上拉堡村短时强降水,注意防范地质灾害。各级政府和相关部门按照"1262"精细化预报与响应联动机制立即启动应急响应,预置抢险救援力量,组织包乡包村干部提前转移群众16户56人,将泥石流沟口处最危险的6户22人安全撤离,有效降低了灾害损失。

案例四　守住"前哨岗",打好"发令枪"——临沧市双江县"10·8"短时强降雨天气过程服务

2022年10月8—10日,临沧市双江县出现局部特大暴雨天气,特别是7日

22时—8日08时，忙糯乡雨量达238.8 mm，日雨量突破全市日雨量最大纪录。市气象台7日16时发布重要天气预报，县气象台7日17时发布重要天气预报。过程期间，省市县三级气象部门共发布“1262”气象服务专题报告20期，发布暴雨预警红色信号1期、其他预警24期。气象部门会同相关部门集中研判会商3次、电话会商14次，市政府领导在市气象局调度指挥4次，县政府领导在县气象局调度指挥1次，市县防汛办在气象局集中办公10 d，启动(升级)重大气象灾害(暴雨)应急响应2次，气象部门电话叫应市、县、乡党政领导及相关部门负责人50余人次，全网发布预警信息1次252万人，紧急转移安置918人。其中忙糯乡18户48人深夜转移后房屋全部冲毁倒塌，由于提前撤离，无一人伤亡。

三、“1262”气象服务工作存在的问题和不足

(一)预报准确率亟须进一步提高

对“1262”气象服务专题中的预报结果进行检验分析，发现预报的准确率较低，空报率较高，漏报也比较普遍。云南气象监测站网密度不够，存在较多的监测盲区，是制约预报准确率提高的重要因素。省气象台发布的12 h防汛联防专题强降水落区预报可用性较差，由于算法问题造成降水过程已结束还在继续发布落区预报的问题；6 h联防专题更新不及时，降水落区预报变化大，精细到乡镇还有难度。预报员结合雷达回波和自动站雨量对短时临近降雨趋势和强度的预报能力不足。基层预报服务人员对本地短时临近预报预警指标(冰雹、短时强降水、雷暴大风、雷电等)运用不到位。

(二)云南智能预报平台对“1262”气象服务的支撑还需改进优化

“1262”气象服务的相关产品生成还不能完全自动化，在出现大面积强降雨时，业务人员需要花大量时间制作“1262”气象服务产品，工作量大，导致服务效率受影响。“1262”气象服务手段有待进一步改进，预报预警信息发布、应急叫应方式单一，主要以电子公文、电子邮件、手机短信、微信、电话为主，自动化程度不高，需要大量人员支撑。由于县局实行内外网隔离，智能预报平台在内网运行，而“1262”气象服务产品制作和发布又需要外网支持，导致部分产品功能在县局无法实现，增加了工作难度。智能预报业务平台的逐级更新订正功能需优化完善，以适应处置上下级预报订正差异的要求。“1262”气象服务工作量大，县级气象台(站)人员与技术薄弱，面临较大压力。

（三）气象业务流程需与“1262”机制进一步衔接

“1262”气象服务产品与原有气象预警业务融合、互补不足，服务模式与原有气象应急联动模式不一致。预报省州（市）县逐级订正业务与“1262”上下一致的产品需求不衔接，实际工作中上级预报指导产品因为被下级订正，从而造成省州（市）县应急指挥调度失衡。省州（市）县三级制作的“1262”气象服务产品同时转发到县级应急管理部门，又造成信息的重复和不一致，容易造成基层台站工作被动。12 h的防汛联防专题不能精确到乡镇，县级政府采取防御措施的针对性不强。6 h预报严格按照固定4个时次发布，气象精细化预报预警服务的及时性有待提高。

四、“1262”气象服务工作改进的对策

（一）聚焦预报精准，着力提高预报准确率

加大天气雷达、自动气象站网建设，提高天气监测能力。引进更加先进的区域数值预报模式，引进、开发新的预报算法产品，开展多源融合实况产品应用。强化强降水过程技术总结检验，强降水过程结束后，对网格预报、城镇站点预报、灾害天气过程预报、预警信息、“1262”气象服务产品进行分析检验，及时总结，完善订正预报指标体系，不断提升业务能力。充分发挥天气雷达短临预警作用，加强强降水、持续降水天气的实时监测，进一步提高短时强降水预报准确率。做好面向重点区域、重点用户的强降水、持续降水天气的预报预警，细化灾害性天气发生时间、强度、持续时段、影响区域。进一步完善灾害性天气预警、地质灾害气象风险预警发布机制，不断提高预警信息的发布时效和覆盖面，特别要做好“最后一公里”的预警。

（二）强化系统支撑，完善云南智能预报平台

继续优化云南智能预报业务平台，不断完善平台功能。提高预报服务产品制作的自动化程度，提高系统反应时效。在智能预报业务平台上开发功能模块，统一规范省州（市）县三级“1262”气象服务产品，加密“1262”气象服务产品更新频次。合理简化服务产品。理顺省州（市）县三级产品发布机制，优化“1262”气象服务产品与暴雨预警（信号）产品相结合的功能，实现无缝隙衔接。

（三）加强部门会商，强化协作联动

继续完善“1262”精细化预报与响应联动机制，形成内外协调、不脱节的闭环式业务服务。进一步强化与应急管理、自然资源、水利、农业农村等部门的联合会商，共同强化灾害风险分析研判，全面服务综合防灾减灾救灾。加强信息共享，进一步完善基础数据信息，及时掌握河道、水库的水文数据，更新山洪地质灾害隐患点、建设工地、水库、交通干线等重点服务对象信息。联合广电、通信等部门健全预警信息全网发布机制。